数字电子技术实验与仿真

主　编　唐明良　张红梅
主　审　潘银松

重庆大学出版社

内 容 提 要

本书是根据高等院校工科专业数字电子技术实验课程的要求,为加强学生实践能力和培养学生综合能力、创新能力而编写的。内容分为4章:第1章是实验基础知识;第2章是Multisim10的使用;第3章是基础实验,每个实验包括:实验目的、实验原理、Multisim10仿真实验预习、实验室操作实验、Multisim10仿真拓展性实验、实验注意事项等;第4章是数字电子技术课程设计,介绍了课程设计基础及方法、设计范例、参考题目等内容。

本书体系新颖、内容实用、可操作性强,适应当前高校实验教学需要。可作为理工科电类与非电类专业数字电子技术实验教材,也可供自学者和相关专业工程技术人员参考。

图书在版编目(CIP)数据

数字电子技术实验与仿真/唐明良,张红梅主编
—重庆:重庆大学出版社,2014.2
高等学校电气工程及其自动化专业应用型本科系列规划教材
ISBN 978-7-5624-8009-9

Ⅰ.①数… Ⅱ.①唐…②张… Ⅲ.①数字电路—电子技术—实验—高等学校—教材②数字电路—电子技术—计算机仿真—高等学校—教材 Ⅳ.①TN79

中国版本图书馆CIP数据核字(2014)第023099号

数字电子技术实验与仿真

主 编 唐明良 张红梅
主 审 潘银松
策划编辑:杨粮菊
责任编辑:李定群 高鸿宽 版式设计:杨粮菊
责任校对:刘 真 责任印制:赵 晟

*

重庆大学出版社出版发行
出版人:邓晓益
社址:重庆市沙坪坝区大学城西路21号
邮编:401331
电话:(023) 88617190 88617185(中小学)
传真:(023) 88617186 88617166
网址:http://www.cqup.com.cn
邮箱:fxk@cqup.com.cn (营销中心)
全国新华书店经销
重庆五环印务有限公司印刷

*

开本:787×1092 1/16 印张:10 字数:250千
2014年3月第1版 2014年3月第1次印刷
印数:1—3 000
ISBN 978-7-5624-8009-9 定价:26.00元

前言

数字电子技术课程是工科电类专业一门重要的专业基础课,而数字电子技术实验则是该课程的重要教学环节,必须十分重视实验教学。本书是根据数字电子技术课程教学内容,电类专业特点,结合编者多年教学经验而编写的。目的在于通过实验,不仅可以加深对理论的理解,巩固所学的知识,培养学生独立分析问题、解决问题、撰写实验报告的能力,还可以培养学生综合能力和创新设计的能力。

全书分为4章:

第1章是实验基础知识。主要介绍了实验基本过程、实验箱的使用、实验布线与故障排除、集成电路的使用等内容,为学生实验提供基本知识和手段。

第2章是 Multisim 10 的使用。介绍了 Multisim 10 的基本界面、电路的创建、虚拟仪器仪表的使用。

第3章是基础实验。精选了十个实验项目,按理论课的内容顺序进行编排,每个实验包括:实验目的、实验器材、实验原理、Multisim 10 仿真实验预习、实验室操作实验、Multisim 10 仿真拓展性实验、实验注意事项及思考题等项目。

第4章是数字电子技术课程设计。介绍了数字电子技术课程设计基础及方法、课程设计报告及评分标准、设计范例、数字电子技术课程设计参考题目等内容。每个题目有设计目的、设计任务与要求、电路的基本原理与设计、调试要点及总结报告,读者可根据实际情况参考使用。

本书的特点是体系新颖、内容实用、可操作性强,打破传统实验教学模式,适应当前高校实验教学需要,能创建一个综合性、开放性、设计性和创造性的实验教学环境。具体特点如下:

(1)教学内容层次感强、体系新颖。①在传统实验的基础上引入了先进的电子仿真软件 Multisim 10,可以要求学生课余时间在宿舍用计算机进行仿真实验。②每一个实验都分为三部分:首先是用 Multisim 10 对实验内容进行仿真实验预习,然后是实验室操作实验，最后是用 Multisim 10 进行拓展性仿真实验。这样安排，使学生在进入实验室实验之前就已经对实验内容进行了预习，对实验步骤和结果事先有了大概的了解，操作起来更得心应手，对实验原理会有更深刻的认识。③课后的拓展性仿真实验是对实验内容的综合应用，培养学生解决实际问题能力和创新设计能力。这样做既体现了循序渐进，又有利于能力的培养和因材施教。

(2)可操作性强。本书精选的实验项目和课程设计是编者经过多年的实践教学验证，具有很强的可靠性和操作性，有利于学生顺利完成各项实验和设计。

(3)内容实用。课程设计与实验编在一起，便于教师把实验和课程设计有机地结合起来。在某些课程设计后面还介绍了单元电路的设计方法，供学生设计电路时参考。

本书是基于全面培养学生的实际动手能力和创新应用设计能力而编写的，适用于不同院校、各种层次专业(电类和非电类)的数字电子技术实验课程教学，也可作为自学者和从事电子工程设计人员的参考书。

本书由重庆大学城市科技学院唐明良和张红梅担任主编，重庆大学潘银松担任主审。

由于编者水平有限，书中难免还存在一些不足和错误，恳请读者给予批评指正，以便改进和完善。

编　者

2013 年 12 月

目录

第1章 实验基础知识

数字电子技术是一门实践性很强的技术基础课，通过实验可以巩固和加深学生对理论及概念的理解，提高实验分析、解决实际问题的能力，培养理论联系实际的作风、严谨求实的科学态度和基本的工程素质。

1.1 实验的基本过程

数字电子技术实验中，通常采用中规模集成电路进行实验，根据逻辑构思选择并灵活运用集成电路和正确连接电路。其实验的主要目的是验证设计思想，测试和调整电路的逻辑关系，完善电路的逻辑功能。因此，实验的基本过程应包括实验预习、实验操作、课后拓展及实验报告4个环节。

1.1.1 实验预习

认真预习是做好实验的关键，预习的好坏不仅关系到实验能否顺利进行，而且直接影响实验效果。在每次实验前，要认真复习有关实验的基本原理，掌握有关器件使用方法，对如何着手实验做到心中有数。本书的每个实验都有计算机仿真实验内容，在个人计算机上用 Multisim 10 软件对实验内容进行虚拟仿真，这样在进实验室实验之前就可以对实验的内容和结果有个大概的了解，可达到预习的目的。

1.1.2 实验操作

实验操作是在实验室进行实际仪器设备的操作。实验者在实验过程中切忌手忙脚乱、顾此失彼。

①检查本次实验所需仪器和器件是否满足要求。

②接线时应该关闭电源,看清器件的型号、管脚顺序,接线完成并检查无误后方能通电测试。电路复杂的综合性实验,按电路功能分级接线并调试,遵循先调试前级后调试后级,先调试子系统后调试整机电路的原则,切忌一口气把所有的线都接完,这样会增加检查故障的难度。

③在实验过程中要认真分析数据,碰到除设备和器件故障外的其他问题,应自己认真分析解决,培养自己分析问题、解决问题的能力。

④出现故障,应该有目的、有方法地排除,可参考本章第1.3节内容。

⑤认真记录实验结果,包括实验数据、波形和实验现象,判断其正确性。如有怀疑应立即查找原因,不能编造实验数据或实验结果,或没有记录完整就拆线离开实验室。

1.1.3 课后拓展性仿真实验

课后总结提高是学习必不可少的环节,课堂实验受到时间和设备的限制,不能方便地进行拓展性实验。本书在每个实验后面都设置了计算机仿真拓展性实验,旨在帮助学生课后在计算机上用 Multisim 10 进行仿真拓展性实验,达到总结提高相关内容的目的。

1.1.4 实验报告

实验报告是对实验结果的总结与提高,是培养学生科学实验的总结能力和分析思维能力的有效手段,也是一项重要的基本功训练。实验报告是一份技术总结,不是单纯地记录实验数据。实验报告要求文字简洁,内容清楚,图表工整,既要忠实、科学地反映实验结果,又要通过对实验结果的分析讨论得出相应的结论,并提出必要的改进建议。实验报告应有以下内容:

①实验的名称、日期及实验者姓名。

②实验目的,实验器材记录,实验原理。

③实验课题的方框图、逻辑图(或测试电路)、状态图,真值表以及文字说明等,对于设计性课题,还应有整个设计过程和关键的设计技巧说明。

④实验记录和经过整理的数据、表格、曲线和波形图,其中表格、曲线和波形图应充分利用专用实验报告简易坐标格,并且三角板、曲线板等工具描绘,力求画得准确,不得随手示意

画出。

⑤实验结果与技术理论的比较及对异常现象的分析讨论。

⑥实验结果的评价及对实验的体会与建议。

1.2 数字电路实验箱使用介绍

SAC-DMS2 型模拟数字电子技术实验箱是由沈阳沈飞电子科技发展有限公司和重庆大学合作开发的产品。如图 1.1 所示为实验箱面板的照片。在图 1.1 中,根据功能的不同用实线将面板大致划分了 10 个区域,它们分别为电源及信号源区、实验板 +5 V 电源区、12 位拨码开关区、12 位 LED 电平显示灯区、数码管显示区、脉冲信号区、集成块插座区、针管座区、可变电阻区及扩展板区。下面分别对不同区域进行说明。

图 1.1 数字电路实验箱面板图

(1)电源及信号源区

电源及信号源区包括实验箱的总电源、交流电源、+5 V 电源、±12 V 电源以及 ±2 ~ ±15 V 可调电源,中间两个黑色插孔是接地。在该区的上方是交直流信号源。本实验箱有电源短路报警功能,实验中一旦听到蜂鸣器响,应立即关闭电源开头,排除短路故障后方可重新开启电源进行实验。

(2)**实验板 +5 V 电源区**

如上图所示在实验板中间标“2”的区域分别有两个 +5 V 电源区。实验时,需用导线将电源及信号源区的 +5 V 和地线与这里的 +5 V 和地线连接起来,给拨码开关区和脉冲信号区供电。此外,在 LED 电平显示灯区的下方还有一些标有“ +5 V”和“ ⊥ ”的插孔,与实验板 +5 V 电源区的 +5 V 和地线连通,可就近选择任一处连接。

(3)**12 位拨码开关区**

拨码开关区的 12 个拨码开关是相同的,往下拨到“0”位置则对应插孔输出低电平,往上拨到“1”位置则对应插孔输出高电平,用于电路的输入信号及控制信号。

(4)**12 位 LED 电平显示灯区**

LED 电平显示灯区的区域内有 12 个 LED 灯,每个灯下方都对应一个插孔,作为控制 LED 灯亮灭的输入信号,输入高电平时灯亮,输入低电平时灯灭。它可用来监测电路输出电平的高低。

(5)**数码管显示区**

数码管显示区的区域内有 4 个完全相同的数码管,每个数码管下方都有一个 16 脚插座,用于插配套的译码驱动器,使数码管显示相应的数字。每个数码管周围有 11 个插孔,分别对应数码管的各段和辅助功能端。下方还有 4 个输入插孔 ABCD,当向数码管输入 8421BCD 码时,它就会显示对应的十进制数。任何与数字显示有关的实验都要用到此区域。

(6)**脉冲信号区**

脉冲信号区包括单次脉冲、1 Hz 连续脉冲、1 kHz 连续脉冲及频率可调的连续脉冲 4 种信号源。左边标连续矩形波的插孔对应的是频率连续可调输出,它下面的旋钮是频率微调钮,黑色的开关是高中低频段调节。右边有两个插孔,下方分别标着 1 Hz,1 kHz,对应输出的是 1 Hz,1 kHz 的矩形脉冲信号。中间有两组单次脉冲输出,有两个完全相同的按钮,每个按钮上方对应两个单次脉冲输出,分别为正脉冲输出和负脉冲输出,根据需要可以从不同的插孔引线。以正脉冲为例,按下蓝色按钮之前输出的是低电平,按下后输出高电平,再松开后又回到低电平。

(7)**集成块插座区**

集成块插座区提供了 19 个芯片插槽,分别有 8 个 14 脚的,5 个 16 脚的,2 个 8 脚的,2 个 20 脚的,1 个 24 脚的和 1 个 28 脚的。不同引脚数的集成块应对应插入不同的插座中,每一个插座的周围都有与引脚数相同的导线插孔,以便实验时进行必要的连线。

(8)**针管座区**

针管座可插接电阻、电容、晶体管等针状引线的元件,供综合性实验或课程设计性实验用。

(9)**可变电阻区**

可变电阻区的区域有3个旋钮,每个旋钮对应一个可变电阻,转动旋钮可改变输出电阻的阻值。

(10)**扩展板区**

扩展板区如图1.2所示。该区在实验箱盖子里,有6个16脚插座,4个14脚插座,1个40脚实验插座,可用导线与主实验板连接。

图1.2　扩展板

1.3　布线与故障排除

实验中操作的正确与否直接影响实验结果,因此,实验者在搭接电路时必须遵循"先接线后通电,先断电再拆线"的原则进行。

1.3.1　布线原则

①实验室通常使用双列直插式集成块,集成块一般都有定位标记(缺口或圆点),使用时要认清方向,一般是将定位标记朝左,引脚序号从左下方的第一个引脚开始,按逆时针方向依次递增至左上方的第一个引脚,不允许插反。

②布线前先检查两排引脚是否与实验板上集成块插座的插孔对应,如不能对应则用镊子轻轻校准,然后将集成块轻轻地插在插座上,观察是否所有引脚都插在了插座里后,再稍用力将其插紧,避免集成块引脚弯曲、折断或接触不良。

③导线尽可能做到长短适当,最好采用不同颜色的导线以区别不同用途,如电源线用红色线,地线用黑色线。

④布线应有序地进行,不要乱接以免造成漏接错接,可以先接好电源线(+5 V)和地线,以及其他不改变电平的输入端,如门电路多余的输入端,置位复位端等。上述线布好后,再按

信号流向的顺序从前往后依次布线。

⑤当实验电路的规模较大、器材很多时，可将总电路按其功能划分为若干相对独立的部分，逐个布线、调试（分调），然后将各部分连接起来（联调）。

1.3.2 故障检查

实验中，当电路不能完成预期的逻辑功能时，就称电路有故障，产生故障的原因大致有以下5个方面：

①电路设计错误。

②布线错误。

③操作错误，没有按照要求进行操作。

④元器件使用不当或功能不正常。

⑤数字电路实验箱和集成块本身出现故障。

在保证电路设计正确的前提下，按照上述原因作为检查故障的主要线索，介绍8种常见的故障检查方法。

(1)测量法

用万用表直流电压挡测量各集成块的 V_{CC} 端与 GND 端是否有 +5 V 电压；测量各输入/输出端的直流电平；用电阻挡测量各连接导线的通断。

(2)查线法

由于在实验中大部分故障都是由布线错误引起的。因此，在故障发生时，复查电路连线为排除故障的有效方法。应着重注意，有无漏线、错线，导线与插孔接触是否可靠，集成电路是否插牢，集成电路是否插反，等等。

(3)观察法

输入信号、时钟脉冲等是否加到实验电路上，观察输出端有无反应。重复测试观察故障现象，然后对某一故障状态，用万用表测试各输入/输出端的直流电平，从而判断出是否是插座板、集成块引脚连接线等原因造成的故障。

(4)信号注入法

在电路的每一级输入端加上特定信号，观察该级输出响应，从而确定该级是否有故障，必要时可以切断周围连线，避免相互影响。

(5)信号寻迹法

在电路的输入端加上特定信号，按照信号流向逐线检查是否有响应和是否正确。必要时，可多次输入不同信号。

(6)**替换法**

对于多输入端器件,如有多余端则可调换另一输入端试用。必要时,可更换器件,以检查器件功能不正常所引起的故障。

(7)**动态逐线跟踪检查法**

对于时序电路,可输入时钟信号按信号流向依次检查各级波形,直到找出故障点为止。

(8)**断开反馈线检查法**

对于含有反馈线的闭合电路,应该设法断开反馈线进行检查,或进行状态预置后再进行检查。

需要强调指出,实践经验对于故障检查是大有帮助的,但只要充分预习,掌握基本理论和实验原理,就不难用逻辑思维的方法较好地判断和排除故障。

1.4　数字集成电路使用知识

数字集成电路里最常用的有 TTL 电路和 COMS 集成电路。下面介绍这两种电路的分类及使用注意事项。

1.4.1　TTL 数字集成电路

(1)TTL **集成电路的分类**

TTL 集成电路内部输入级和输出级都是晶体管结构,属于双极型数字集成电路。其特点是速度高、集成度低。其主要系列如下:

①74 系列是早期的产品,现仍在使用,但正逐渐被淘汰。

②74H 系列是 74 系列的改进型,属于高速 TTL 产品。其"与非门"的平均传输时间达 10 ns左右,但电路的静态功耗较大,目前该系列产品使用越来越少,逐渐被淘汰。

③74S 系列是 TTL 的高速型肖特基系列。在该系列中,采用了抗饱和肖特基二极管,速度较高,但品种较少。

④74LS 系列是当前 TTL 类型中的主要产品系列。品种和生产厂家都非常多。性价比较高,目前在中小规模电路中应用非常普遍。

⑤74ALS 系列是"先进的低功耗肖特基"系列。属于 74LS 系列的后继产品,速度(典型值为 4 ns)、功耗(典型值为 1 mW)等方面都有较大的改进,但价格比较高。

⑥74AS 系列是 74S 系列的后继产品,尤其速度(典型值为 1.5 ns)有显著的提高,又称"先进超高速肖特基"系列。

(2)TTL **集成电路使用注意事项**

①电源电压应严格保持在 5 V ± 10% 的范围内,过高则易损坏器件,过低则不能正常工作。使用时,应特别注意电源与地线不能错接,否则会因过大电流而造成器件损坏。

②多余输入端最好不要悬空,虽然悬空相当于高电平,并不能影响与门(与非门)的逻辑功能,但悬空时易受干扰,为此,与门、与非门多余输入端可直接接到 V_{CC}上,或通过一个公用电阻(几千欧)连到 V_{CC}上。若前级驱动能力强,则可将多余输入端与使用端并接,不用的或门、或非门输入端直接接地,与或非门不用的与门输入端至少有一个要直接接地,带有扩展端的门电路,其扩展端不允许直接接电源。

③输出端不允许直接接电源或接地(但可通过电阻与电源相连);不允许直接并联使用(集电极开路门和三态门除外)。

④应考虑电路的负载能力(即扇出系数)。要留有余地,以免影响电路的正常工作,扇出系数可通过查阅器件手册或计算获得。

⑤在高频工作时,应通过缩短引线、屏蔽干扰源等措施抑制电流的尖峰干扰。

1.4.2 CMOS 集成电路

(1)CMOS **集成电路分类**

CMOS 数字集成电路是利用 NMOS 管和 PMOS 管巧妙组合成的电路,属于一种微功耗的数字集成电路。其主要系列如下:

1)标准型 4000B/4500B 系列

该系列是以美国 RCA 公司的 CD4000B 系列和 CD4500B 系列制订的,与美国 Motorola 公司的 MC14000B 系列和 MC14500B 系列产品完全兼容。该系列产品的最大特点是工作电源电压范围宽(3 ~ 18 V)、功耗最小、速度较低、品种多、价格低廉,是目前 CMOS 集成电路的主要应用产品。

2)74HC 系列

54/74HC 系列是高速 CMOS 标准逻辑电路系列,具有与 74LS 系列等同的工作速度和 CMOS 集成电路固有的低功耗及电源电压范围宽等特点。74HC × × × 是 74LS × × × 同序号的翻版,型号最后几位数字相同,表示电路的逻辑功能、管脚排列完全兼容,为用 74HC 替代 74LS 提供了方便。

3)74AC 系列

该系列又称“先进的 CMOS 集成电路”,54/74AC 系列具有与 74AS 系列等同的工作速度和 CMOS 集成电路固有的低功耗及电源电压范围宽等特点。

国产 CMOS 集成电路主要为 CC(CH)4000 系列,其功能和外引线排列与国际 CD4000 系列相对应。高速CMOS系列中,74HC和74HCT系列与TTL74系列相对应,74HC4000系列与CC4000系列相对应。

(2)CMOS **集成电路使用注意事项**

CMOS集成电路由于输入电阻很高,因此极易接受静电电荷。为了防止产生静电击穿,生产CMOS时,在输入端都要加上标准保护电路,但这并不能保证绝对安全。因此,使用CMOS集成电路时,必须采取以下预防措施:

①存放CMOS集成电路时要屏蔽,一般放在金属容器中,也可用金属箔将引脚短路。

②电源连接和选择。V_{DD}端接电源正极,V_{SS}端接电源负极(地)。绝对不许接错,否则器件因电流过大而损坏。对于电源电压范围为3～18 V系列器件,如CC4000系列,实验中V_{DD}通常接+5 V电源,V_{DD}电压选在电源变化范围的中间值,如电源电压在8～12 V变化,则选择$V_{DD}=10$ V较恰当。CMOS器件在不同的V_{DD}值下工作时,其输出阻抗、工作速度和功耗等参数都有所变化,设计中须考虑。

③输入端处理。多余输入端不能悬空。应按逻辑要求接V_{DD}或接V_{SS},以免受干扰造成逻辑混乱,甚至还会损坏器件。对于工作速度要求不高,而要求增加带负载能力时,可把输入端并联使用。对于安装在印刷电路板上的CMOS器件,为了避免输入端悬空,在电路板的输入端应接入限流电阻R_P和保护电阻R,当$V_{DD}=+5$ V时,R_P取5.1 kΩ,R一般取100 kΩ～1 MΩ。

④输出端处理。输出端不允许直接接V_{DD}或V_{SS},否则将导致器件损坏,除三态(TS)器件外,不允许两个不同芯片输出端并联使用,但有时为了增加驱动能力,同一芯片上的输出端可以并联。

⑤对输入信号V_I的要求。为了防止输入端保护二极管因正向偏置而引起损坏,输入电压必须处在V_{DD}和V_{SS}之间,即$V_{SS}<u_i<V_{DD}$。没有接通电源的情况下,不允许有输入信号输入。

⑥焊接CMOS集成电路时,一般用20 W内热式电烙铁,而且烙铁要有良好的接地线。也可利用电烙铁断电后的余热快速焊接。禁止在电路通电的情况下焊接。

1.5　数字逻辑电路的测试方法

1.5.1　组合逻辑电路的测试

组合逻辑电路测试的目的是验证其逻辑功能是否符合设计要求,也就是验证其输出与输入的关系是否与真值表相符。

(1)**静态测试**

静态测试是在电路静止状态下测试输出与输入的关系。将输入端分别接到逻辑开关上,用发光二极管分别显示各输入和输出端的状态。按真值表将输入信号一组一组地依次送入被测电路,测出相应的输出状态,与真值表相比较,借以判断此组合逻辑电路静态工作是否正常。

(2)**动态测试**

动态测试是测量组合逻辑电路的频率响应。在输入端加上周期性信号,用示波器观察输入、输出波形。测出与真值表相符的最高输入脉冲频率。

1.5.2 时序逻辑电路的测试

时序逻辑电路测试的目的是验证其状态的转换是否与状态图相符合。可用发光二极管、数码管或示波器等观察输出状态的变化。

常用的测试方法有以下两种:

(1)**单拍工作方式**

以单脉冲源作为时钟脉冲,逐拍进行观测。

(2)**连续工作方式**

以连续脉冲源作为时钟脉冲,用示波器观察波形,来判断输出状态的转换是否与状态图相符。

第 2 章 Multisim 10 使用介绍

2.1 Multisim 10 系统简介

Multisim 10 是美国国家仪器公司(National Instruments, NI)推出的一款优秀的电子仿真软件。Multisim 10 易学易用,便于电子信息、通信工程、自动化、电气控制类专业学生自学,方便开展综合性的设计和实验,有利于培养学生综合分析能力、开发和创新的能力。

该软件具有以下功能:

①Multisim 10 是一个原理电路设计、电路功能测试的虚拟仿真软件。

②Multisim 10 的元器件库提供数千种电路元器件供实验选用。基本器件库包含有电阻、电容等多种元件。基本器件库中的虚拟元器件的参数是可以任意设置的,非虚拟元器件的参数是固定的,但是可以选择的。

③Multisim 10 的虚拟测试仪器仪表种类齐全,有一般实验用的通用仪器,如万用表、函数信号发生器、双踪示波器、直流电源;而且还有一般实验室少有或没有的仪器,如波特图仪、字信号发生器、逻辑分析仪、逻辑转换器、失真仪、频谱分析仪及网络分析仪等。

④Multisim 10 具有较为详细的电路分析功能,可完成电路的瞬态分析和稳态分析、时域和频域分析、器件的线性和非线性分析、电路的噪声分析和失真分析、离散傅里叶分析、电路零极点分析、交直流灵敏度分析等电路分析方法,以帮助设计人员分析电路的性能。

⑤Multisim 10 可以设计、测试和演示各种电子电路,包括电工学、模拟电路、数字电路、射频电路及微控制器和接口电路等。可对被仿真的电路中的元器件设置各种故障,如开路、短路和不同程度的漏电等,从而观察不同故障情况下的电路工作状况。在进行仿真的同时,软

件还可存储测试点的所有数据，列出被仿真电路的所有元器件清单，以及存储测试仪器的工作状态、显示波形和具体数据等。

⑥Multisim 10 有丰富的帮助功能。

⑦利用 Multisim 10 可实现计算机仿真设计与虚拟实验，与传统的电子电路设计与实验方法相比，具有如下特点：设计与实验可同步进行，可边设计边实验，修改调试方便；设计和实验用的元器件及测试仪器仪表齐全，可完成各种类型的电路设计与实验；可方便地对电路参数进行测试和分析；可直接打印输出实验数据、测试参数、曲线和电路原理图；实验中不消耗实际的元器件，实验所需元器件的种类和数量不受限制，实验成本低，实验速度快，效率高；设计和实验成功的电路可直接在产品中使用。

2.2 Multisim 10 的基本界面

2.2.1 Multisim 10 的主界面

选择“开始”→“程序”→“National Instruments”→“Circuit Design Suite 10.0”→“multisim”，启动 multisim 10，可出现如图 2.1 所示的 multisim 10 的主界面。

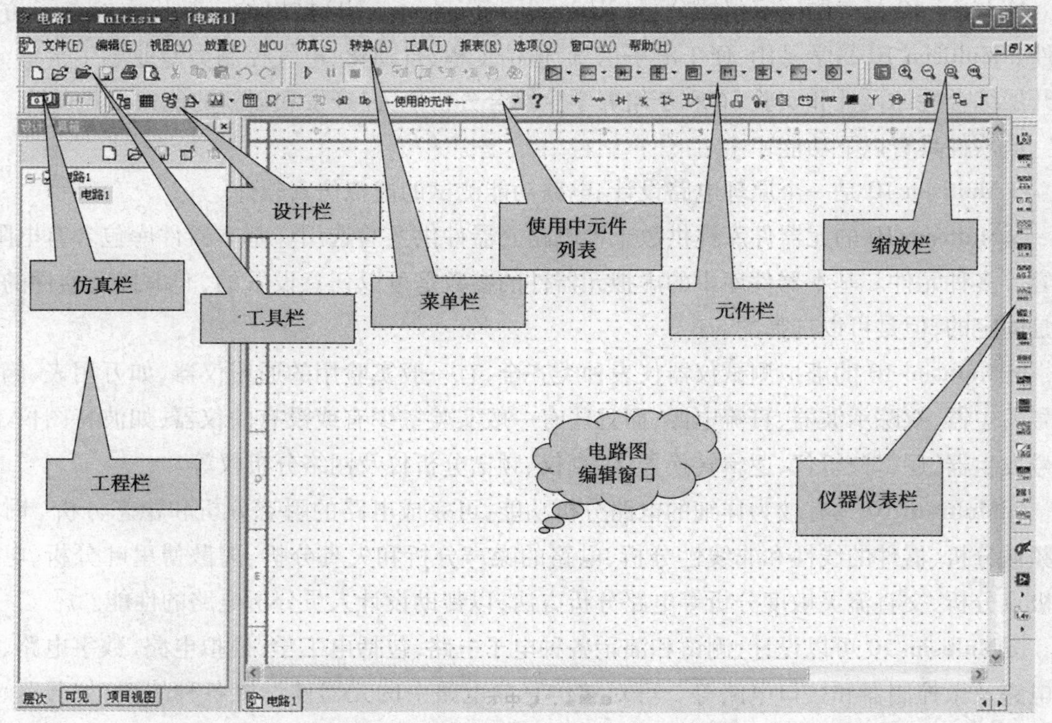

图 2.1 Multisim 10 主界面

主界面主要由菜单栏、工具栏、缩放栏、设计栏、仿真栏、工程栏、元件栏、仪器报表栏及电路图编辑窗口等部分组成。

2.2.2　Multisim 10 菜单栏

Multisim 10 有 12 个主菜单，如图 2.2 所示。菜单中提供了本软件几乎所有的功能命令。

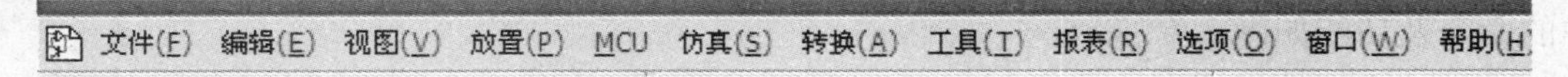

图 2.2　菜单栏

(1)文件菜单

文件菜单提供 19 个文件操作命令，如打开、保存和打印等。文件菜单中的命令及功能如图 2.3 所示。

(2)编辑菜单

编辑菜单在电路绘制过程中，提供对电路和元件进行剪切、粘贴、旋转等操作命令，共 21 个命令。编辑菜单中的命令及功能如图 2.4 所示。

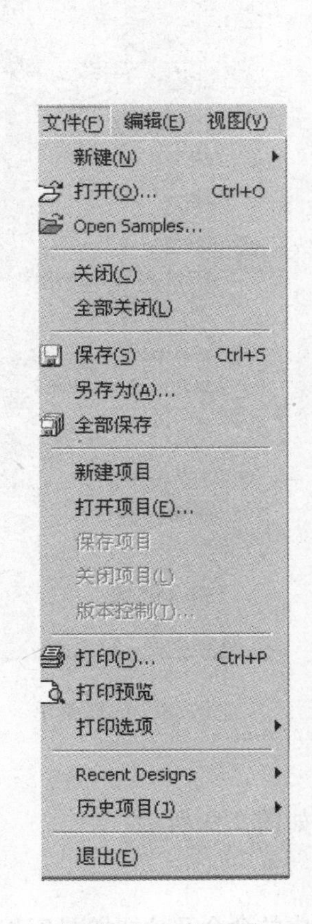

图 2.3　文件菜单

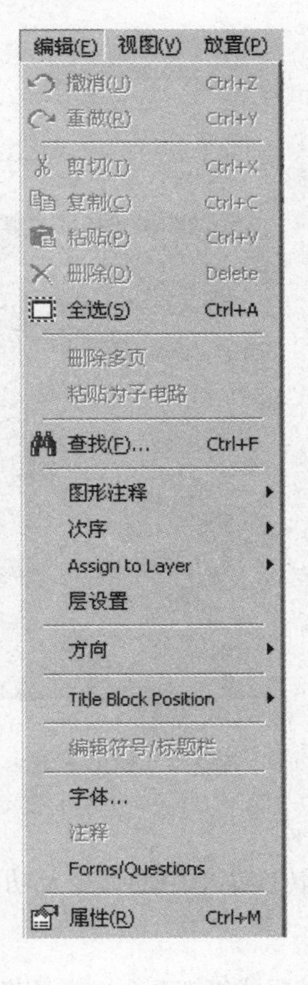

图 2.4　编辑菜单

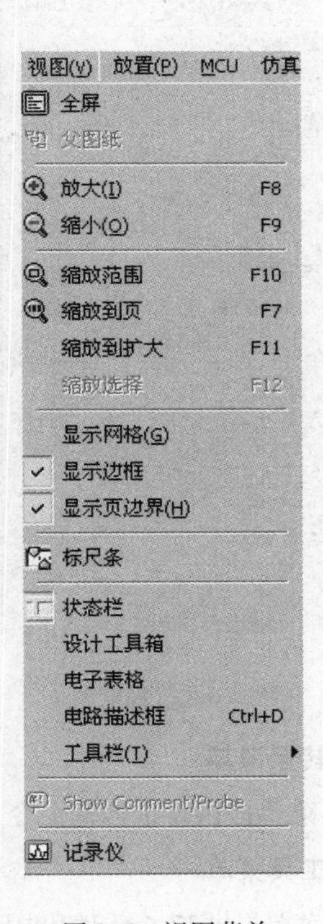

图 2.5　视图菜单

(3)**视图菜单**

视图菜单提供19个用于控制仿真界面上显示的内容的操作命令。视图菜单中的命令及功能如图2.5所示。

(4)**放置菜单**

放置菜单提供在电路工作窗口内放置元件、连接点、总线和文字等17个命令。放置菜单中的命令及功能如图2.6所示。

(5)MCU(**微控制器**)**菜单**

MCU(微控制器)菜单提供在电路工作窗口内MCU的调试操作命令。MCU菜单中的命令及功能如图2.7所示。

(6)**仿真菜单**

仿真菜单提供18个电路仿真设置与操作命令。仿真菜单中的命令及功能如图2.8所示。

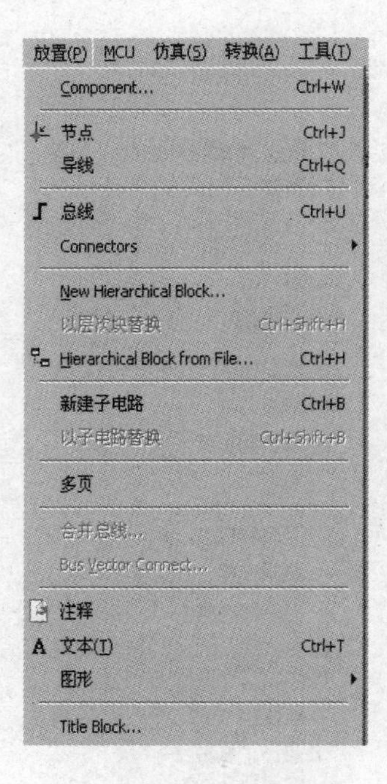

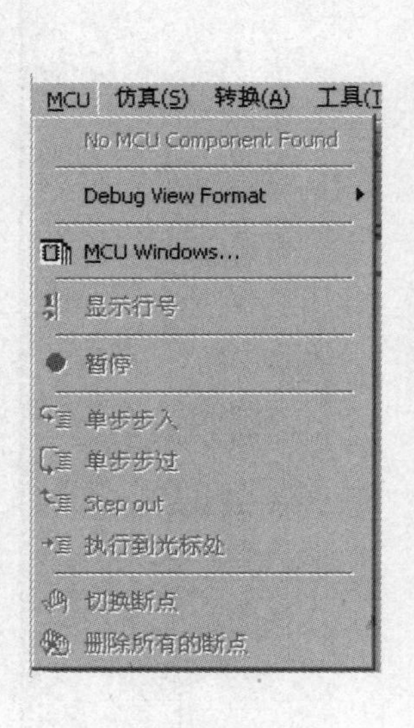

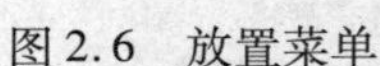
图2.6 放置菜单

图2.7 MCU菜单

图2.8 仿真菜单

(7)**转换菜单**

转换菜单提供8个传输命令。转换菜单中的命令及功能如图2.9所示。

(8)**工具菜单**

工具菜单提供17个元件和电路编辑或管理命令。工具菜单中的命令及功能如图2.10所示。

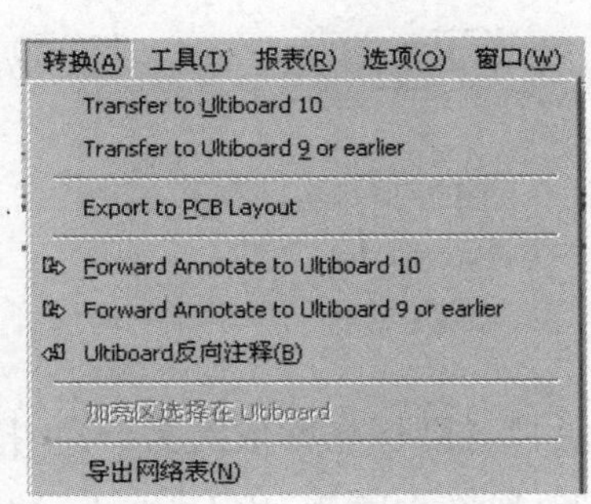

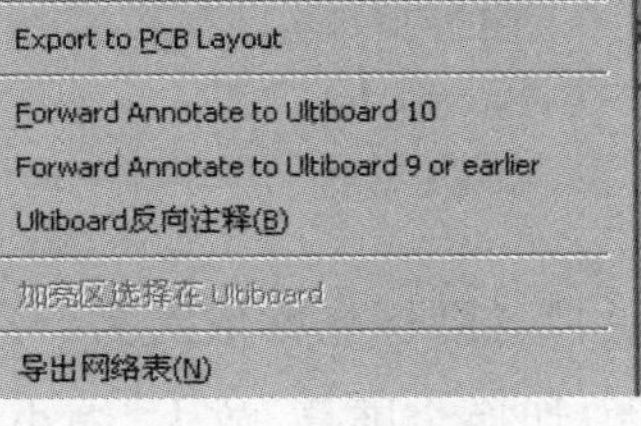

图 2.9　转换菜单

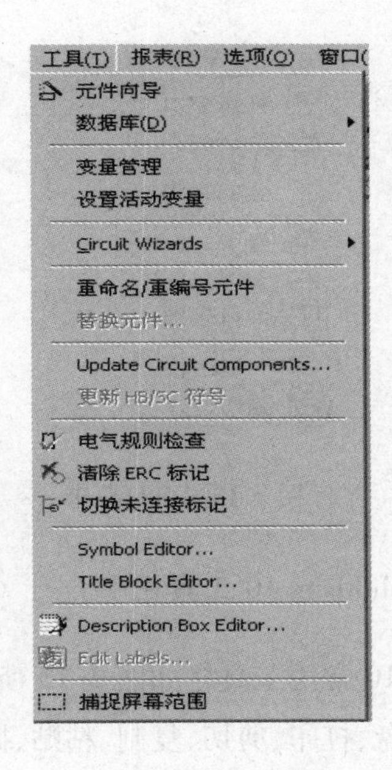

图 2.10　工具菜单

(9) **报表菜单**

报表菜单提供材料清单等 6 个报告命令。报表菜单中的命令及功能如图 2.11 所示。

(10) **选项菜单**

选项菜单提供电路界面和电路某些功能的设定命令。选项菜单中的命令及功能如图 2.12所示。

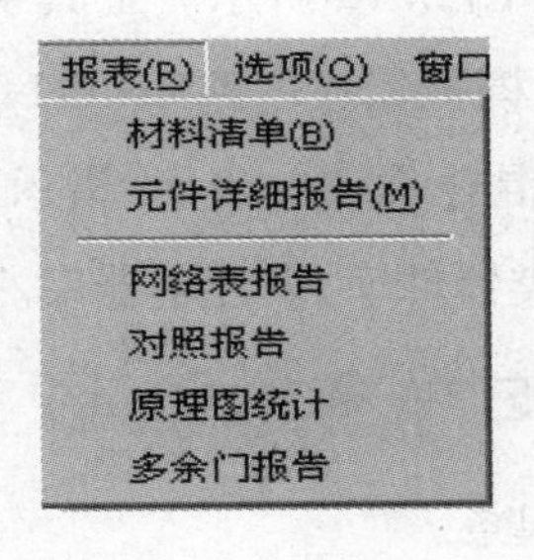

图 2.11　报表菜单

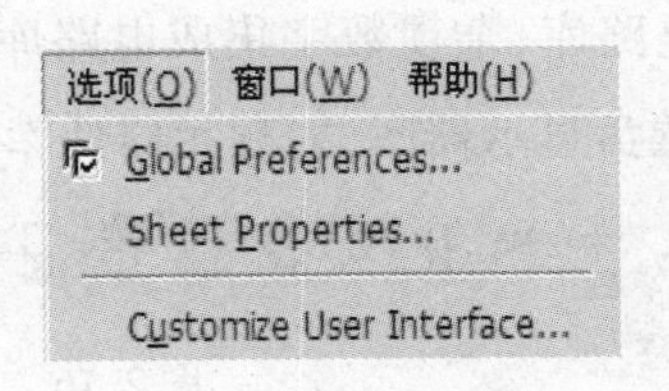

图 2.12　选项菜单

(11) **窗口菜单**

窗口菜单提供 8 个窗口操作命令。窗口菜单中的命令及功能如图 2.13 所示。

(12) **帮助菜单**

帮助菜单为用户提供在线技术帮助和使用指导。帮助菜单中的命令及功能如图 2.14 所示。

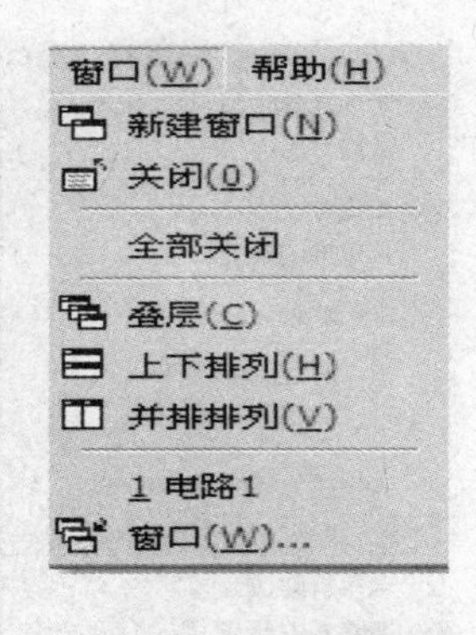

图 2.13　窗口菜单

图 2.14　帮助菜单

2.2.3　Multisim 10 工具栏

Multisim 10 常用工具栏如图 2.15 所示。工具栏各图标名称依次为新建、打开文件、打开设计范例、存盘、打印、剪切、复制、粘贴、撤销、重做、切换全屏幕、放大、缩小、缩放到已选择面积、缩放到页。

图 2.15　常用工具栏

2.2.4　Multisim 10 元件库

Multisim 10 提供了丰富的元件库，元件工具条如图 2.16 所示。工具条各图标名称依次为电源/信号源库、基本元件库、二极管库、晶体管库、模拟集成电路库、TTL 数字集成电路库、CMOS 数字集成电路库、杂项数字集成电路库、数模混合集成电路库、指示器件库、电源器件库、其他元件库、键盘显示器库、射频元器件库、机电类器件库、微控制器库。

图 2.16　元件工具条

选择元件工具条中每一个按钮都会弹出相应的元件选择窗口。如图 2.17 所示为元件组的元件选择界面。其中，一个元件组有多个元件系列，每一个元件系列有多个元件。

2.2.5　Multisim 10 虚拟仪表库

虚拟仪表工具条如图 2.18 所示。它是进行虚拟电子实验和电子设计仿真的最快捷而又形象的特殊工具。各仪表的功能名称与 Simulate（仿真）菜单下的虚拟仪表相同。各图标名称依次为万用表、失真度分析仪、函数信号发生器、功率表、示波器、频率计、安捷伦函数信号发生器、四踪示波器、波特图示仪、IV 分析仪、字发生器、逻辑转换器、逻辑分析仪、安捷伦示波器、安捷伦万用表、频谱分析仪、网络分析仪、泰克示波器、电流探针、LabVIEW 测试仪、测量探针。

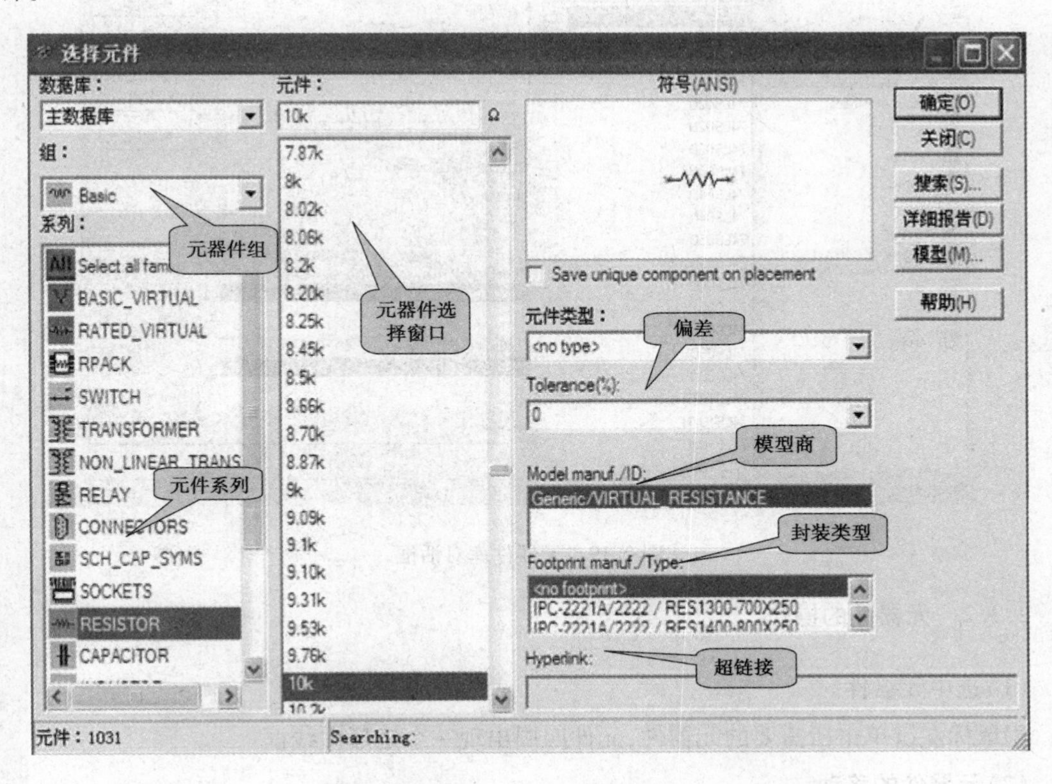

图 2.17　元件选择窗口

图 2.18　仪表工具条

2.3　Multisim 10 电路创建基础

2.3.1　元器件的选用

选用元器件时，首先在元器件库栏中用鼠标单击包含该元器件的图标，打开该元器件库。然后从选中的元器件库对话框中（见图 2.19），用鼠标单击该元器件，再单击“OK”按钮，用鼠标拖曳该元器件到电路工作区的适当地方即可。

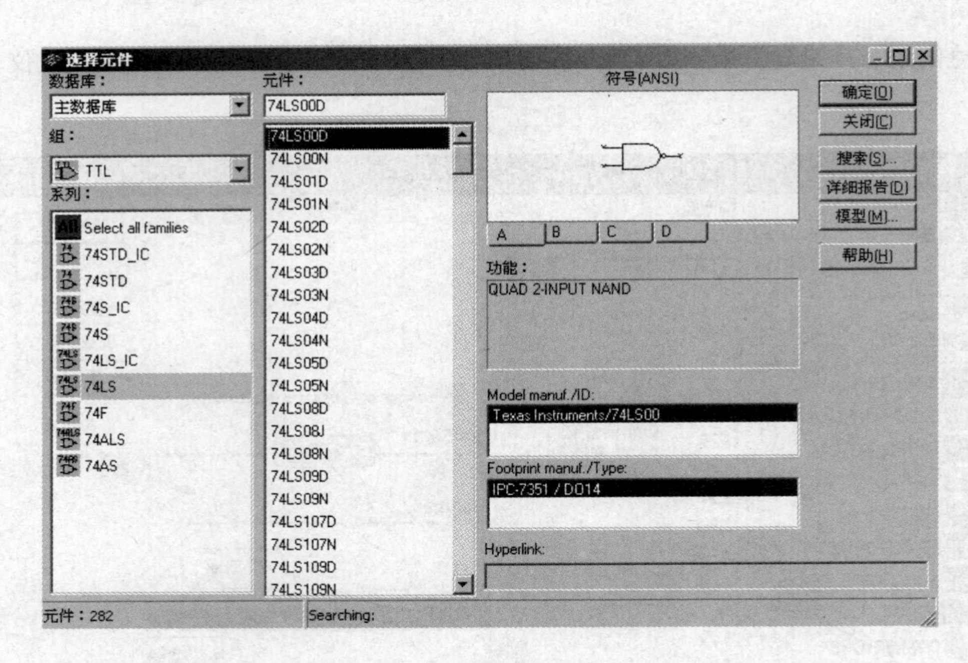

图 2.19　元器件库对话框

2.3.2　元器件的操作

(1)选中元器件

用鼠标左键单击所需要的元器件，元件四周出现一个矩形虚线框。

(2)元器件的移动

用鼠标的左键单击该元器件(左键不松手)，拖曳该元器件即可移动该元器件。

(3)元器件的旋转与反转

先选中该元器件，然后单击鼠标右键或者选择“编辑”菜单编辑，选择菜单中的方向，再根据需要将所选择的元器件顺时针或逆时针方向旋转 90°，或进行水平镜像、垂直镜像等操作。

(4)元器件的复制、删除

对选中的元器件，进行元器件的复制、移动、删除等操作，可单击鼠标右键或者使用菜单剪切、复制和粘贴、删除等菜单命令，实现元器件的复制、移动、删除等操作。

(5)元器件标签、编号、数值、模型参数的设置

在选中元器件后，双击该元器件，或者选择“编辑”菜单→“属性”，会弹出相关的对话框，可供输入数据，如图 2.20 所示。元器件特性对话框具有多种选项可供设置，包括标签、显示、参数、故障设置、引脚、变量等内容。

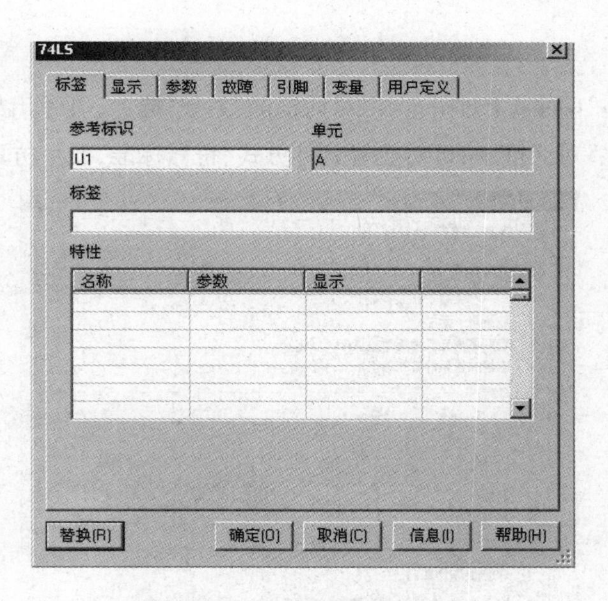

图 2.20　元器件特性对话框

2.3.3　电路图选项的设置

(1)表单属性对话框

选择选项菜单中的“Sheet Properties”(工作台界面设置)(“Options”→“Sheet Properties”)用于设置与电路图显示方式有关的一些选项,如图 2.21 所示。此对话框包括电路、工作区、配线、字体、PCB、可见 6 个选项,可分别进行设置。

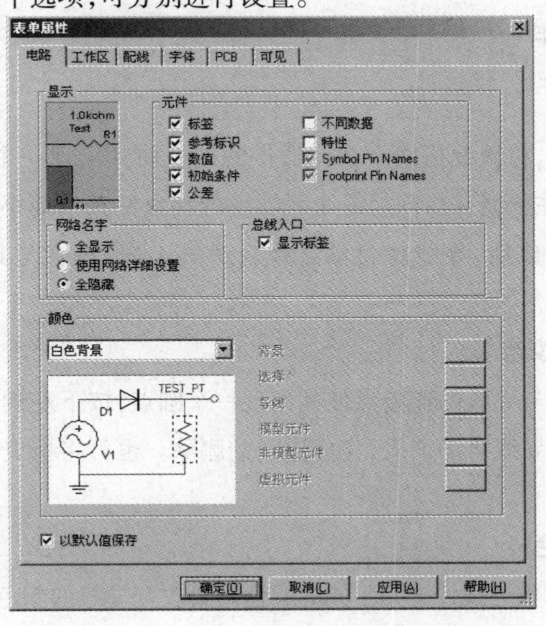

图 2.21　表单属性对话框

(2)**零件对话框**

选择“Options”→“Global Preferences”对话框的“Part”选项,可弹出如图 2.22 所示的“零件”对话框。在“零件”对话框中,可对放置元件方式、符号标准、数字仿真等进行设置。

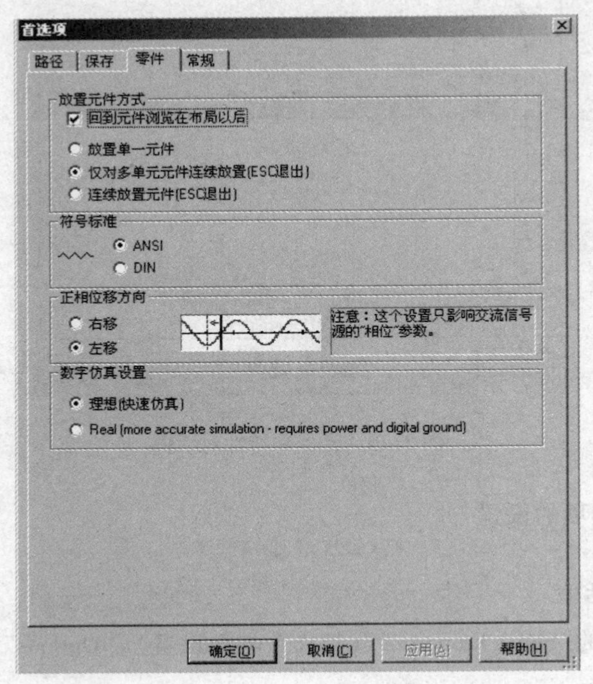

图 2.22 “零件”对话框

2.3.4 导线的操作

(1)**导线的连接**

在两个元器件之间,将鼠标指向一个元器件的端点使其出现一个小圆点,按下鼠标左键并拖曳出一根导线,拉住导线并指向另一个元器件的端点使其出现小圆点,释放鼠标左键,则导线连接完成。连接完成后,导线将自动选择合适的走向,不会与其他元器件或仪器发生交叉。

(2)**连线的删除与改动**

将鼠标指向元器件与导线的连接点使其出现一个圆点,按下左键拖曳该圆点使导线离开元器件端点,释放左键,导线自动消失,完成连线的删除。也可将拖曳移开的导线连至另一个接点,实现连线的改动。

(3)**改变导线的颜色**

在复杂的电路中,可将导线设置为不同的颜色。要改变导线的颜色,用鼠标指向该导线,单击右键可出现菜单,选择“Change Color”选项,出现“颜色”选择框,然后选择合适的颜色即可。

2.4　Multisim 10 常用数字电路实验仪器仪表使用

Multisim 10 仪器仪表工具条中除包括一般电子实验室中所常用的仪器外,还有一些高档仪器,如安捷伦函数信号发生器、安捷伦示波器、安捷伦万用表、泰克示波器;另外,还有几种用于数字电路实验的仪器,如字信号发生器、逻辑分析仪和逻辑转换仪。下面重点介绍字信号发生器、逻辑分析仪及逻辑转换仪的使用和设置方法。

2.4.1　字信号发生器

字信号发生器在数字电路仿真中应用非常广泛,它是并行输入多路数字信号的理想仿真工具。它最多可输出 32 路数字信号,用于对数字逻辑电路进行测试。

双击 XWG1 即弹出字符设置界面如图 2.23 所示。界面中,右半部分为字信号编辑区,显示一系列 8 位并行十六进制或其他进制字元;左半部分为显示设置栏、控制设置栏、触发设置栏、输出频率设置栏。

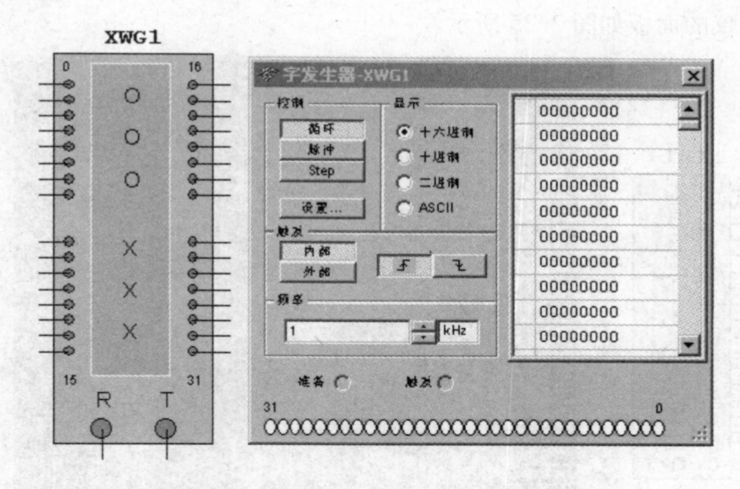

图 2.23　字信号发生器图标及字符设置界面

显示设置栏中有 4 个条目:Hex(十六进制)、Dec(十进制)、Binary(二进制)、AscII 码。

控制设置栏中有 3 个条目:Cycle(循环输出)、Burst(一次性从初始地址到最大地址的字元输出)、Step(一次输出一个地址的字元)。

单击“设置”栏,在弹出窗口的“缓冲区大小”栏中设置字符组数,其数字决定输出字符组数(如输入 5),单击“确认”按钮,即可得字信号发生器放大面板窗口中右边的字符组数,如图 2.24所示。

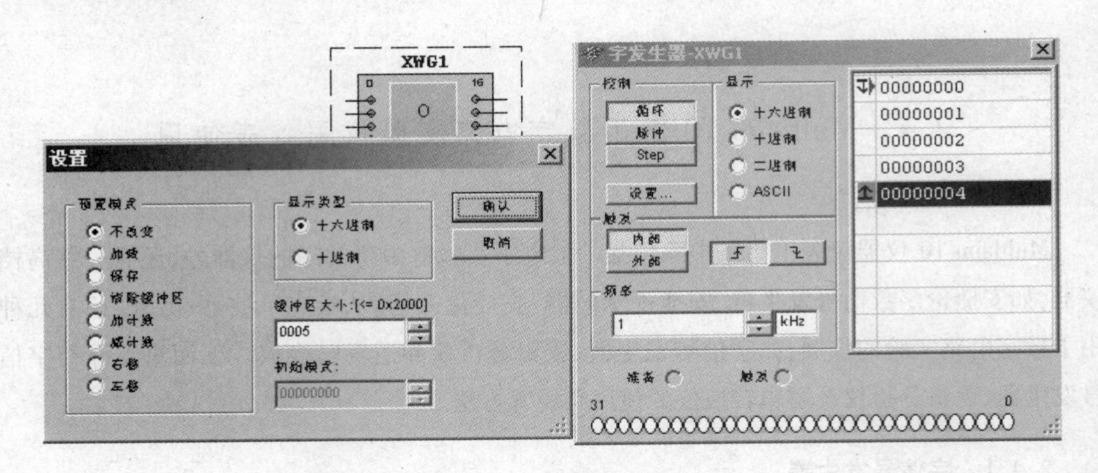

图 2.24　设置字符组数

触发栏可设置触发信号，包括内触发、外触发，上升沿触发及下降沿触发。

频率栏设置输出频率，是指字符发生器输出字元的频率。

2.4.2　逻辑分析仪

逻辑分析仪用于对数字逻辑信号的高速采集和时序分析，可同步记录和显示 16 路数字信号。逻辑分析仪的面板如图 2.25 所示。

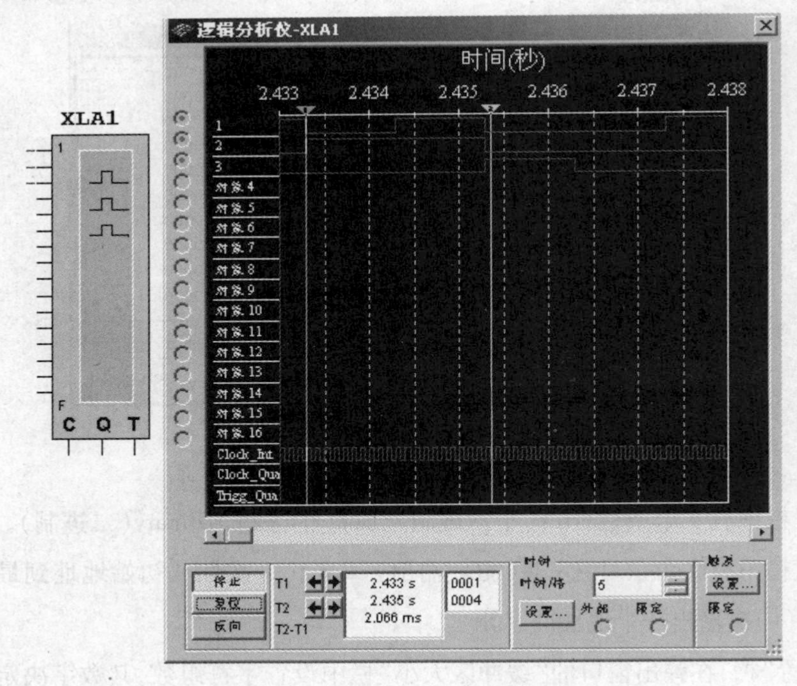

图 2.25　逻辑分析仪图标及控制面板

图标中有 16 路信号输入端、外部时钟输入端 C、时钟控制输入端 Q 以及触发控制输入端

T。双击图标打开逻辑分析仪的控制面板,可进行参数设置和读取被测信号值。

(1)**时钟设置**

①时钟/格:设置波形显示区中横轴每格显示的时钟数。

单击设置按钮后进入“时钟设置”对话框,如图 2.26 所示。

②时钟源:选择外部触发,这时 C 端口必须接入外部时钟;选择内部触发,这时必须设置时钟频率值;通常选择内部触发。

③时钟频率:设置内部信号时钟频率,可在 1 Hz ~ 100 MHz 选择。

④时钟限制:表示对外部信号时钟的限制。其值为 1 时,表示 Q 端输入 1 时开放时钟,逻辑分析仪可进行波形采集;其值为 0 时,表示 Q 端输入 0 时开放时钟;其值为 X 时,表示时钟始终开放,不受 Q 端输入限制。

⑤取样点设置:预触发取样点、后置触发取样点和阈值电压设置。

(2)**触发信号设置**

单击触发下方的“设置”按钮后进入“触发设置”对话框,如图 2.27 所示。

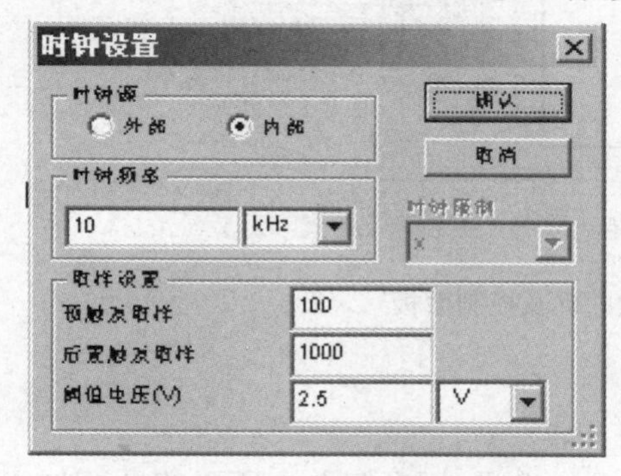

图 2.26 “时钟设置”对话框

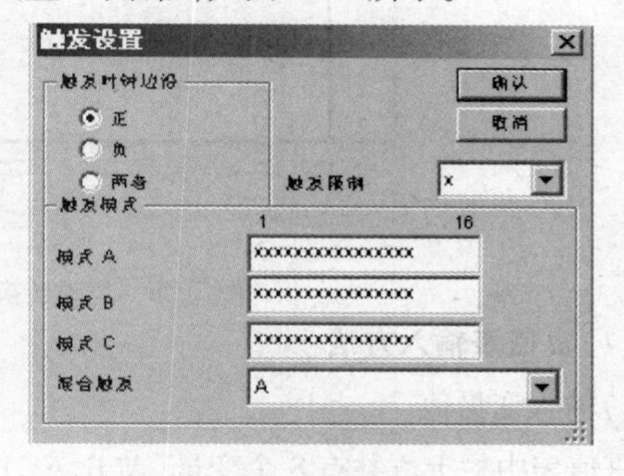

图 2.27 “触发设置”对话框

①触发时钟边沿:正边沿、负边沿,两者均可。

②触发模式:由 A,B,C 定义触发模式,触发组合下有 21 种触发组合可以选择。分析仪只有在满足触发字的组合条件时才被触发而采集波形数据。

③触发限制:表示对外部触发控制输入端的限制。其值为 1 时,表示 T 端输入 1 时开放外部触发信号,逻辑分析仪可以进行波形采集;其值为 0 时,则 T 端输入 0 时开放外部触发信号;其值为 X 时,则外部触发信号始终开放,不受 T 端输入限制。

④读取被测信号值:可在显示屏上读取输出波形的周期、频率,也可通过移动标尺 1、标尺 2,在显示屏的下方 T1,T2,T2-T1 读取输出波形的周期、频率,如图 2.25 所示。

2.4.3 逻辑转换仪

逻辑转换仪是 Multisim 特有的仪器,能够完成真值表、逻辑表达式和逻辑电路三者之间的相互转换。实际中,不存在与此对应的设备。其图标和面板如图 2.28 所示。图标中有 9 个接线端,其中,左边的 8 路为信号输入端,右边的 1 路为信号输出端。双击图标打开逻辑转换仪的控制面板,左边为真值表区域(其中,左栏显示序号,中栏显示输入变量值,右栏显示输出变量值),下边为逻辑表达式区域,右边为 6 个转换功能选择按钮。

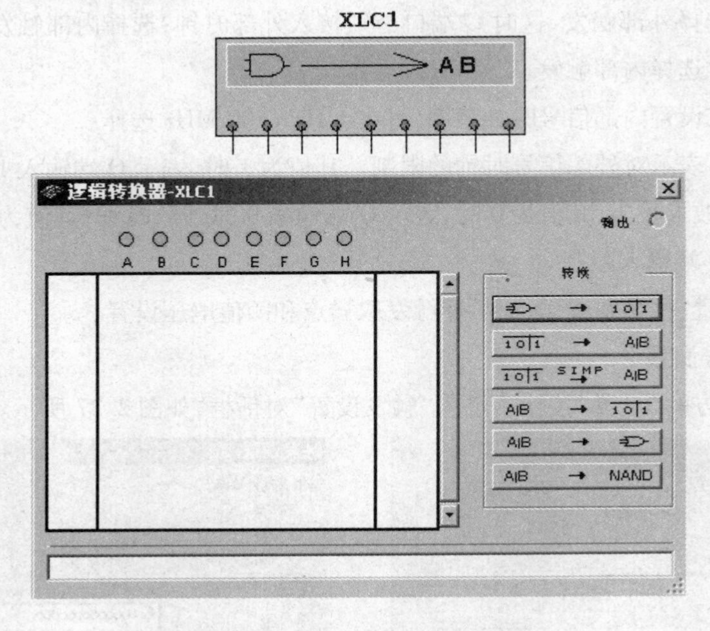

图 2.28　逻辑转换仪图标及控制面板

(1)**真值表输入方法**

1)输入变量值

真值表中栏上方共有 8 个变量(A,B,…,H)可供选择,用左键单击所需变量,则自动产生序号和输入变量值。

2)输出变量值

输入变量值确定后,输出变量值全部显示为"?",用左键单击会在"?,0,1,X4"种状态之间切换,用户可根据需要选择。

(2)**逻辑表达式输入方法**

在逻辑表达式区域直接输入即可。

(3)**转换功能选择**

面板右边从上到下的 6 个按钮功能依次为逻辑电路转换为真值表、真值表转换为与或式逻辑表达式、真值表转换为最简逻辑表达式、逻辑表达式转换为真值表、逻辑表达式转换为逻辑电路、逻辑表达式转换为与非门电路。

第3章 基础实验

3.1 实验1:集成门电路逻辑功能测试

(1)**实验目的**

①学会用 Multisim 10 软件进行集成门电路的仿真实验。

②掌握基本门电路逻辑功能的测试方法。

③熟悉 SAC-DMS2 数字电路实验箱的使用。

④掌握常用集成门电路的逻辑功能。

⑤了解集成门电路的应用。

(2)**实验设备及器材**

①计算机及电路仿真软件 Multisim 10。

②SAC-DMS2 数字电路实验箱。

③UT39A 型数字万用表。

④集成电路:74LS00,74LS32,74LS11 各 1 片。

(3)**实验原理**

①本书实验所用到的集成电路的引脚功能图见附录 2。

②门电路是最基本的逻辑元件,它能实现最基本的逻辑功能,即其输入与输出之间存在一定的逻辑关系。

③集成逻辑门电路是最简单、最基本的数字集成元件,目前已有种类齐全的集成门电路。

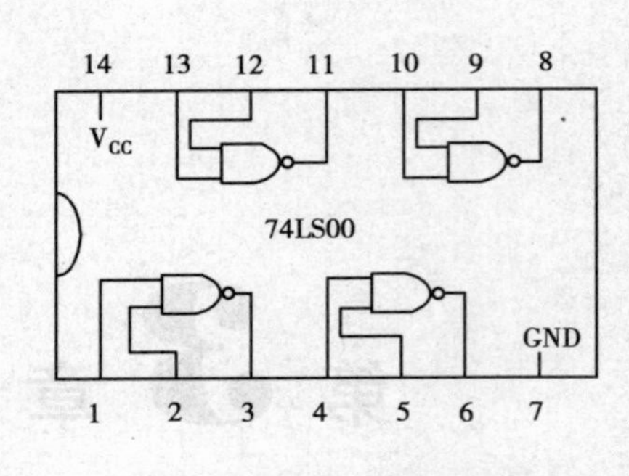

图 3.1 74LS00 引脚排列

TTL 集成电路由于工作速度高、输出幅度大、种类多、不易损坏等特点而得到广泛使用。本实验中使用了 74LS 系列的 TTL 集成电路，它的电源电压为 5 V + 10%，逻辑高电平“1”时大于 2.4 V，低电平“0”时小于 0.4 V。实验使用的集成电路都采用的是双列直插式封装形式，其管脚的识别方法为：将集成块的正面（印有集成电路型号标记面）对着使用者，集成电路上的标识凹口朝左，左下角第一脚为 1 脚，按逆时针方向顺序排布其管脚。

④以 74LS00 为例说明集成逻辑门引脚排列及逻辑功能。74LS00 是四 2 输入与非门，内含 4 个独立的与非门，每个与非门有两个输入端，一个输出端，其引脚排列如图 3.1 所示。与非门的逻辑功能：有 0 出 1，全 1 出 0；其逻辑代数式为

$$Y=(AB)'$$

⑤常用基本逻辑门名称、符号代数和功能见表 3.1。

表 3.1 常用基本逻辑门名称、符号代数与功能

名称	与门	或门	非门	与非门	或非门	异或门	同或门
符号（两种）	&	>=1		&	>=1	=1	=1
代数式	Y = AB	Y = A + B	Y = A′ $Y=\overline{A}$	Y = (AB)′ $Y=\overline{AB}$	Y = (A + B)′ $Y=\overline{A+B}$	$Y=A\oplus B$	$Y=A\odot B$
功能	有 0 出 0 全 1 为 1	有 1 出 1 全 0 为 0	入 0 出 1 入 1 出 0	有 0 出 1 全 1 为 0	有 1 出 0 全 0 为 1	相异为 1 相同为 0	相异为 0 相同为 1

逻辑非的运算符号尚无统一标准。最常见的有“′”和“—”两种符号，通常用“A′”和“$\overline{A}$”来表示非运算。本书采用“′”表示 A 的非运算，但在有些图中，由于芯片管脚较多，间距小，为便于标示，采用了“$\overline{A}$”来表示 A 的非运算。

（4）Multisim 10 仿真实验预习

1）与门逻辑功能测试

①调取与门 74LS08

单击仿真软件 Multisim 10 元件工具条中的“TTL”按钮，如图 3.2 所示。弹出“选择元件”对话框，如图 3.3 所示。在“组”里选择“74LS”系列，在“元件”里选择“74LS08D”，单击“确

定”按钮,出现如图3.4所示的部件条。有“A,B,C,D”4个选项,这是因为一个74LS08有4个与门。选择A,放置与门后又会出现刚才的界面,若不再需要与门则单击“取消”按钮。

图3.2　单击“TTL”按钮

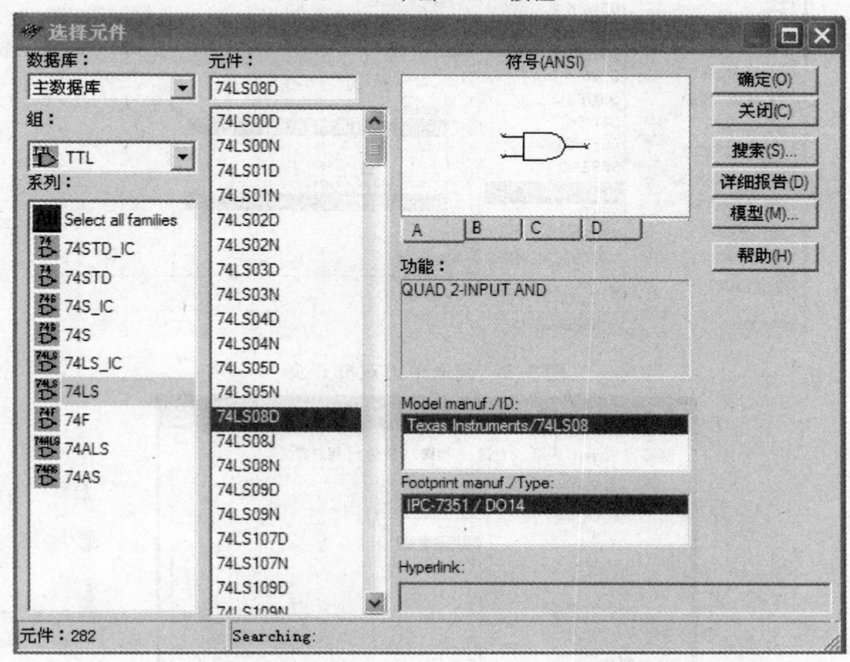

图3.3　选择元件对话框

图3.4　元件部件条

②调取单刀双掷开关

单击“基础元件”按钮,出现如图3.5所示的对话框。选择“SWITCH”→“SPDT”,单击“确定”按钮。放置单刀双掷开关,共放置两个,双击“Key = Space”,弹出如图3.6所示的对话框。单击“参数”按钮,将“Key for Switch”设置成“A”,第二个开关同样设置成“B”。再右击开关图标,在弹出的菜单下选择“水平镜像”,将两个开关分别进行水平转向。

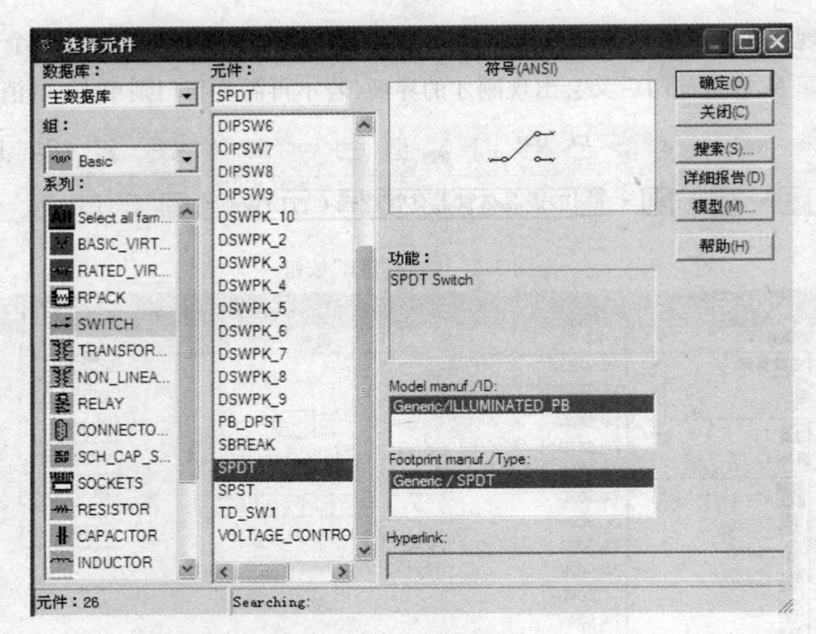

图 3.5　调取单刀双掷开头

图 3.6　修改单刀双掷开头参数

③调取电源和地线

单击元件工具条的“放置信号源” 按钮，出现“选择元件”对话框。选择“VCC”，单击“确定”按钮，调出 +5 V TTL 电源，如图 3.7 所示。用同样的方法选择“GROUND”，调出地线。

④调取指示灯

单击元件工具条的“放置指示器”按钮，出现“选择元件”对话框。选择“PROBE”，选择“PROBE－RED”，单击“确定”按钮，调出红色指示灯，如图 3.8 所示。

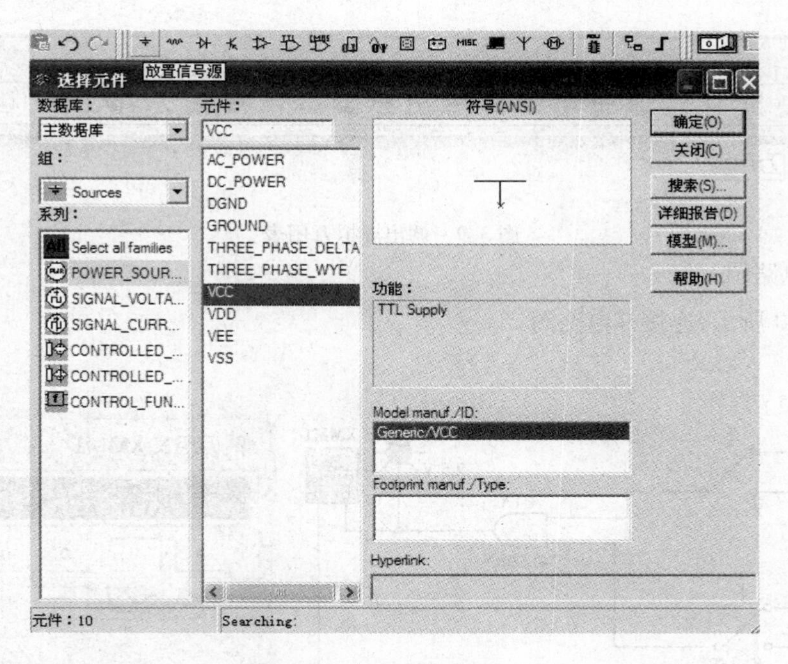

图 3.7 调取电源和地线

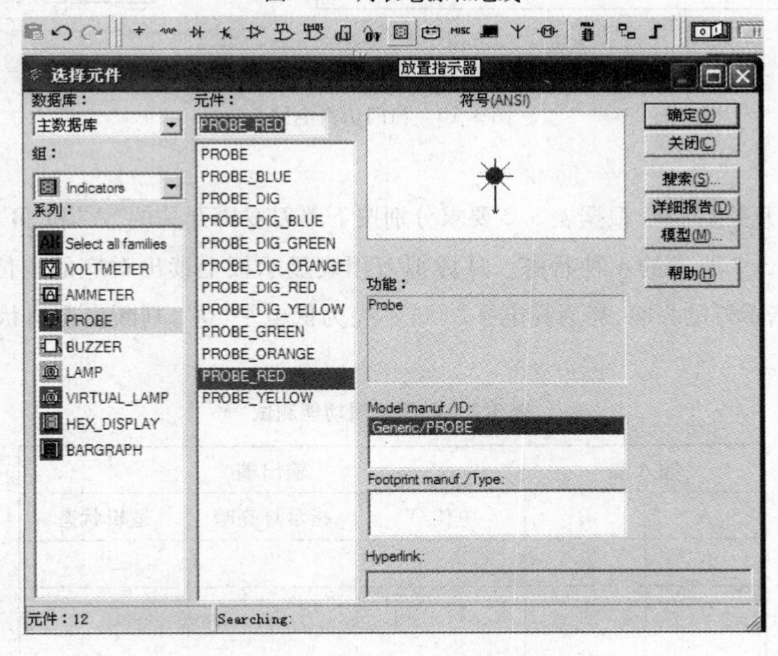

图 3.8 调取指示灯

⑤调出万用表

单击虚拟仪器工具条的第一个按钮,调出虚拟万用表,如图 3.9 所示。双击万用表图标,出现万用表的面板,单击“V”和“—”按钮,测量电路输出端的电位,如图 3.10 所示。

图 3.9　调出虚拟万用表

⑥连接电路图

如图 3.10 所示，连接好电路图。

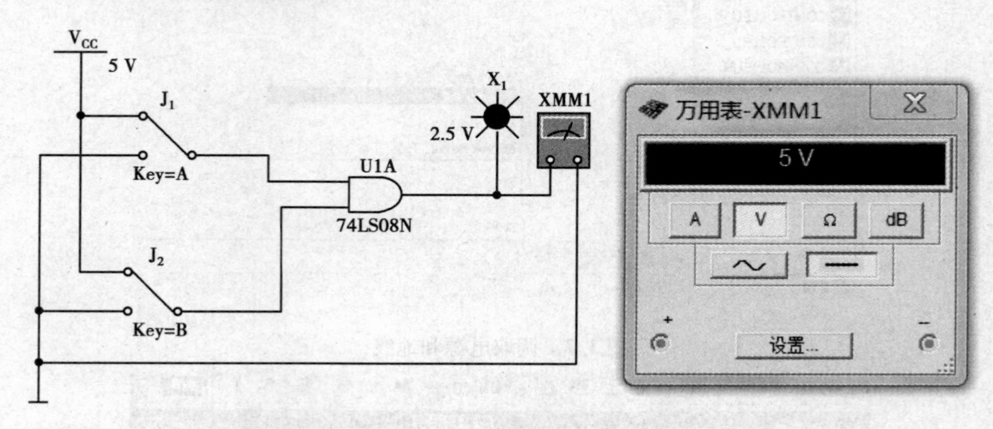

图 3.10　与门仿真电路

⑦仿真

按下仿真开关，根据表 3.2 要求分别按下单刀双掷开关的“A”和“B”，使与门的两个输入端为表 3.2 所示的 4 种状态。从虚拟万用表显示板上读出对应的电位，填入表 3.2 中，同时观察指示灯的亮暗，亮为高电平“1”，不亮为低电平“0”，判断出逻辑状态，比较两组数据是否统一。

表 3.2　与门逻辑功能测试

输入端		输出端		
A	B	电位/V	指示灯亮暗	逻辑状态
0	0			
0	1			
1	0			
1	1			

2）异或门逻辑功能测试

①根据图 3.11，调出所需元件并连接成异或门仿真电路。

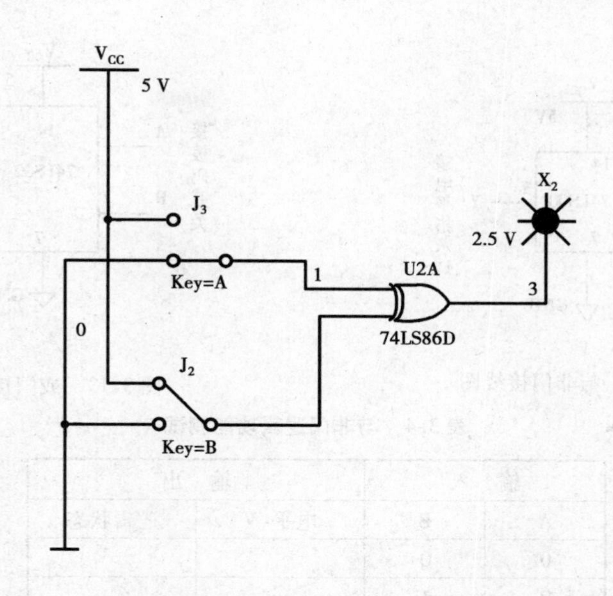

图 3.11　异或门仿真电路

②按下仿真开关，根据表 3.3 要求改变输入开关“A”和“B”，记录指示灯的亮暗，判断逻辑状态，填入表 3.3 中。

表 3.3　异或门逻辑功能测试

输　入		输　出	
A	B	指示灯亮暗	逻辑状态
0	0		
0	1		
1	0		
1	1		

(5) **实验室操作内容**

1) 与非门逻辑功能测试

①按照图 3.12 所示，选取 74LS00 中任意一个与非门，14 脚接 +5 V 电源，7 脚接地，将其输入端 A 和 B 分别接至实验箱 12 位拨码开关区中任意两个拨码开关对应的插孔。每个插孔下方都对应有一个拨码开关，插孔与开关之间对应有一个指示灯。当开关向上扳为高电平，指示灯亮，向下扳为低电平，指示灯灭。将输出端接至 LED 电平显示灯区中的一个发光二极管的对应插孔，并在输出端接上万用表测量输出电平。

②根据表 3.4 所列出的 A，B 的几种组合，扳动拨码开关输入电平，通过发光二极管的亮和灭来观察与非门的输出状态，同时读出万用表的直流电压值，将观测结果填入表 3.4 中。

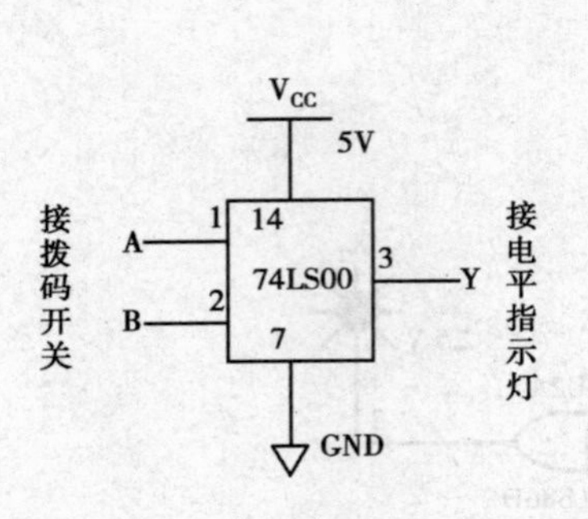

图 3.12　与非门接线图

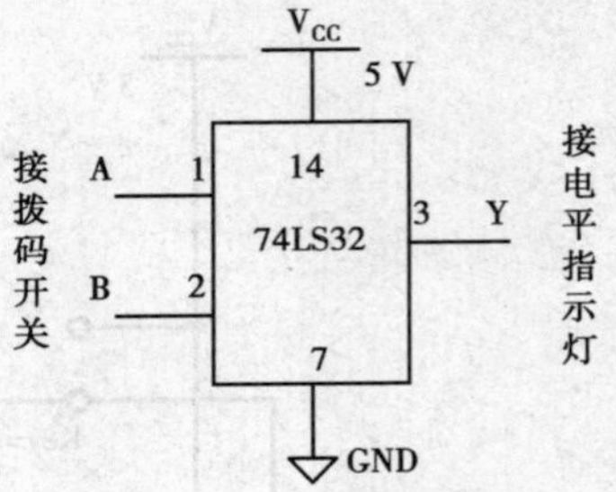

图 3.13　或门接线图

表 3.4　与非门逻辑功能测试

输　入		输　出	
A	B	电平/V	逻辑状态
0	0		
0	1		
1	0		
1	1		
0	悬空		
悬空	0		
1	悬空		
悬空	悬空		

2）或门逻辑功能测试

①选中 74LS32 一个或门，按如图 3.13 所示接线。

②根据表 3.5 所列出的 A，B 的几种组合，扳动拨码开关输入 4 种电平组合。通过指示灯观察输出端 Y 的状态，同时读出万用表的直流电压值，将观测结果填入表 3.5 中。

表 3.5　74LS32 逻辑功能测试

输　入		输　出	
A	B	电平/V	逻辑状态
0	0		
0	1		
1	0		
1	1		
0	悬空		
悬空	0		
1	悬空		
悬空	悬空		

3)与门逻辑功能测试

根据74LS11的引脚功能排列图(图3.14),选择其中一个与门参照前面方法自行连接电路。按表3.6测试其逻辑功能,将测试结果填入表3.6中。

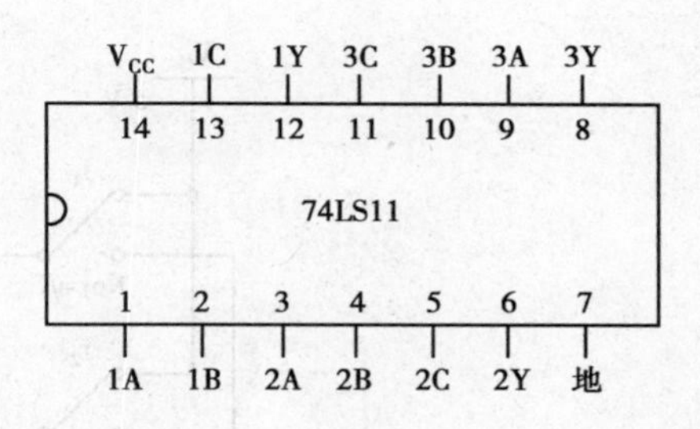

图3.14　74LS11引脚排列图

表3.6　74LS11逻辑功能表

输入状态			输出状态
A	B	C	Y
0	0	0	
0	0	1	
0	1	0	
0	1	1	
1	0	0	
1	0	1	
1	1	0	
1	1	1	
悬空	1	1	
悬空	0	0	

(6)Multisim 10 **仿真拓展性实验**

1)用与非门组成或门

①将逻辑函数表达式 $Y=A+B$ 用摩根定理转换成 $Y=(A'B')'$,将与非门多余的输入端进行处理后可以作非门使用,因此可用3个与非门构成或门。

②参照仿真实验预习调取元件的方法和步骤,将所需元件调出,组成或门仿真电路,如图3.15所示。

③按下仿真开关,根据表3.7所列出的A,B的4种组合,分别按下A和B开关,通过指示灯观察输出端Y的状态,将观测结果填入表3.7中,分析所测数据是否满足或门逻辑功能。

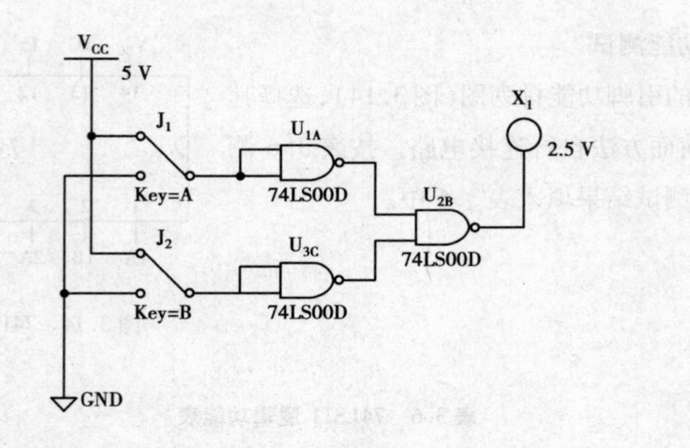

图 3.15　与非门组成或门电路

表 3.7　或门逻辑功能表

输　入		输　出	
A	B	指示灯亮暗	逻辑状态
0	0		
0	1		
1	0		
1	1		

2)用门电路实现逻辑函数 Y = AB + AC + BC

根据表达式选择二输入与门 74LS08 和二输入或门 74LS32,参照如图 3.16 所示连接,进行仿真运行。根据表 3.8 设置开关 A,B,C 的状态,通过指示灯观察输出端 Y 的状态,将结果填入表 3.8 中。

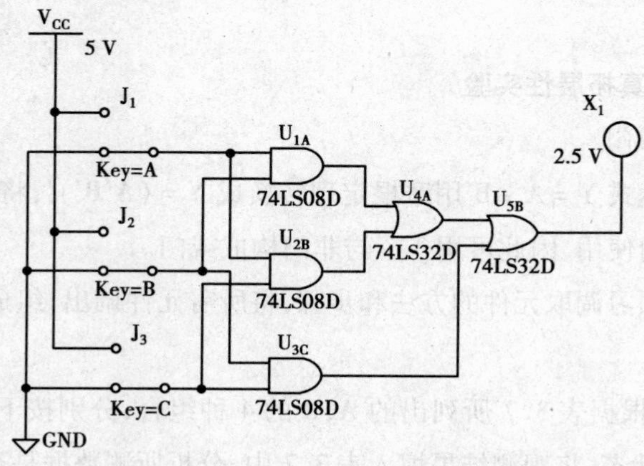

图 3.16　门电路实现逻辑函数

表3.8　Y = AB + AC + BC 真值表

输入			输出
A	B	C	Y
0	0	0	
0	0	1	
0	1	0	
0	1	1	
1	0	0	
1	0	1	
1	1	0	
1	1	1	

(7)思考题

①TTL与非门输入端悬空相当于输入什么电平？为什么？

②如何处理各种门电路的多余输入端？

③总结与门、与非门、或门、或非门、异或门的逻辑功能。

3.2　实验2:用小规模集成电路设计组合逻辑电路

(1)实验目的

①进一步熟悉用 Multisim 10 软件进行数字电路仿真实验。

②学会虚拟仪器逻辑转换仪的使用。

③掌握小规模集成电路设计组合电路的方法。

(2)实验设备及器件

①计算机及电路仿真软件 Multisim 10。

②SAC-DMS2 数字电路实验箱。

③集成电路:74LS00,74LS20,74LS11,74LS86 各1片。

(3)实验原理

①数字电路的两大电路是组合逻辑电路和时序逻辑电路。其中,组合逻辑电路的特点是任何时刻的输出仅仅取决于同一时刻输入信号的取值组合,而与这一时刻前电路的原始状态没有任何关系。其电路结构基本上由逻辑门组成,这种电路只有从输入到输出的通路,没有

从输出反馈到输入的回路,这种电路没有记忆功能。

②用小规模集成电路设计组合逻辑电路的步骤如下:

a. 分析设计要求,设置输入和输出变量。

b. 列真值表。

c. 写出逻辑表达式,并化简。

d. 画逻辑电路图。

逻辑化简是组合逻辑电路设计的关键步骤之一,但往往最简设计不一定是效果最佳的。在实际电路中,要考虑电路的工作速度、稳定性、可靠性。设计时,应在保证上述条件的前提下,使电路设计最简、成本最低。

(4) Multisim 10 **仿真实验预习**

1) 设计一个裁判表决电路

某足球评委会由 1 位教练和 3 位球迷组成,对裁判员的判罚进行表决。当满足以下条件时表示同意:有 3 人或 3 人以上同意,或者有 2 人同意,但其中 1 人是教练。试用 2 片与非门设计该表决电路。

①根据题意,设 A 为教练,B,C,D 分别为 3 位球迷,表决结果为 Y。

②列出真值表,见表 3.9。

③用卡诺图化简,得到逻辑表达式,并化成"与非"表达式,即

$$Y = AB + AD + AC + BCD = ((AB)'(AD)'(AC)'(BCD)')'$$

④根据与非逻辑表达式可知,本设计需要 3 个二输入与非门,1 个三输入与非门和 1 个四输入与非门。为了节约成本,三输入与非门和四输入与非门可选用 1 片二 4 输入与非门 74LS20,3 个二输入的与非门选用 1 片四 2 输入与非门。

⑤用 Multisim 10 进行仿真,仿真电路图如图 3.17 所示。按照表 3.9 改变 A,B,C,D 状态,观察仿真结果是否与真值表相符。

表 3.9　裁判表决电路真值表

输入				输出
A	B	C	D	Y
0	0	0	0	0
0	0	0	1	0
0	0	1	0	0
0	0	1	1	0
0	1	0	0	0

续表

输　入				输　出
A	B	C	D	Y
0	1	0	1	0
0	1	1	0	0
0	1	1	1	1
1	0	0	0	0
1	0	0	1	1
1	0	1	0	1
1	0	1	1	1
1	1	0	0	1
1	1	0	1	1
1	1	1	0	1
1	1	1	1	1

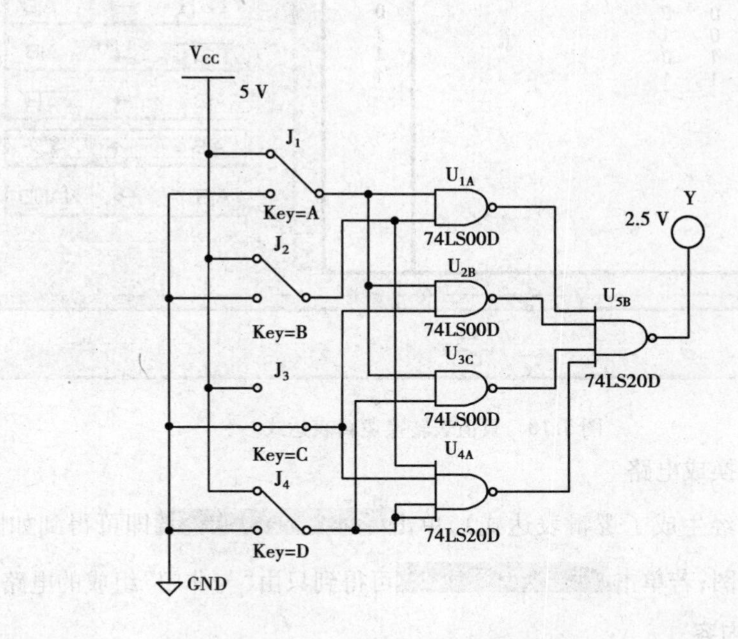

图 3.17　裁判表决电路

2）设计一个 3 人表决器

设计一个 3 人表决器，2 人或 2 人以上同意为表决通过，用逻辑转换仪的各功能来分别设计。

在 Multisim 10 仪器仪表工具条中调出逻辑转换仪，再双击逻辑转换仪图标，出现控制面板后，单击左上方的 A，B，C 输入变量端口，使其自动列出真值表，根据 3 人表决器功能填出输出状态，填好的真值表如图 3.18 所示。

①真值表转换为逻辑表达式

单击 [10|1 SIMP→ A|B] 图标，在控制面板下方的逻辑表达式区域出现最简逻辑表达式，[AC+AB+BC]，其含义为 Y = AC + AB + BC，如图 3.18 所示。

如果单击 [10|1 → A|B] 图标，在控制面板下方的逻辑表达式区域出现与或逻辑表达式，其含义为

$$Y = A'BC + AB'C + ABC' + ABC$$

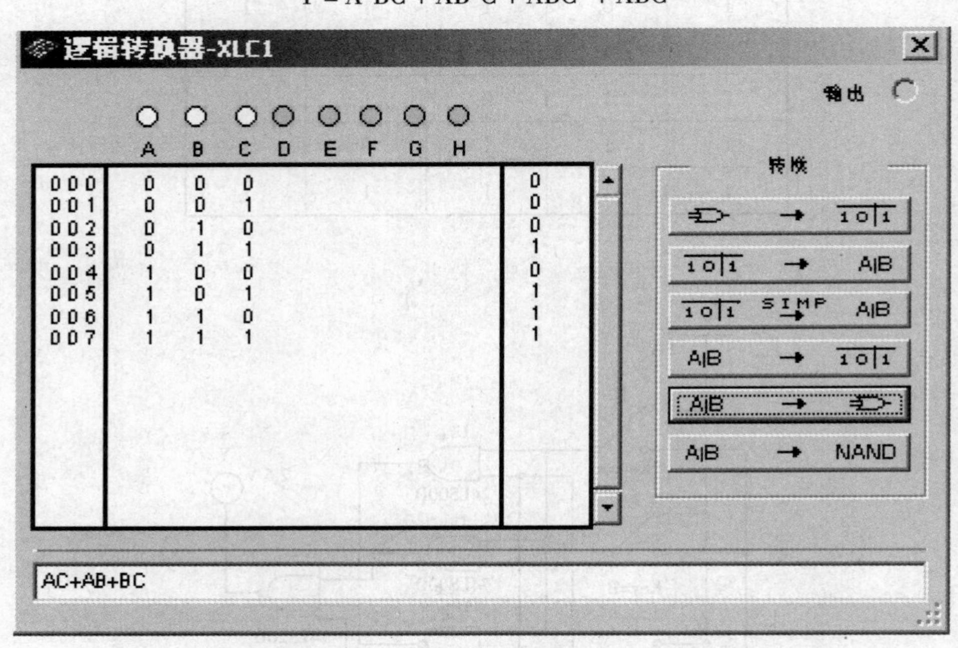

图 3.18　真值表转换逻辑表达式

②逻辑表达式转换成电路

在图 3.18 中（已经生成了逻辑表达式），单击 [A|B →] 即可得到如图 3.19 所示的 3 人表决器电路图；若单击 [A|B → NAND] 可得到只由“与非门”组成的电路。

(5)实验室操作内容

①设计一个 1 位半加器，该逻辑电路能对两个 1 位二进制数进行相加，并产生“和”及“进位”，在实验箱上进行验证。

②设计一个优先编码器，对 4 种电话进行控制。优先顺序由高到低为火警电话(11)、急救电话(10)、工作电话(01)、生活电话(00)，编码如括号内所示，输入高电平有效。用 2 片与

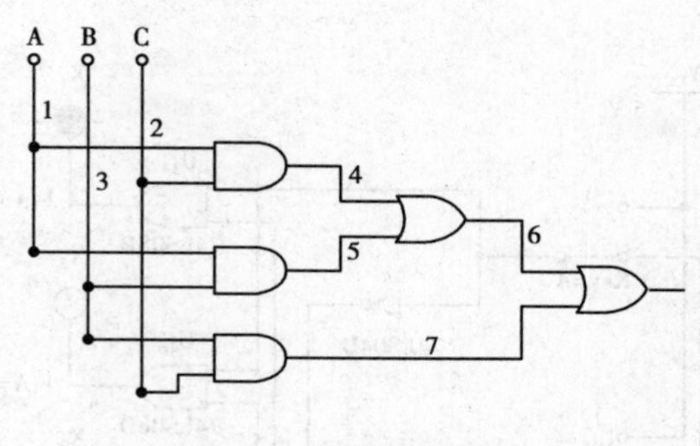

图 3.19　3 人表决器电路图

非门设计该电路并在实验箱上进行验证。

③设计一个 4 位奇偶校验检测器，当 4 个代码中"1"的个数为偶数时 $Y = 1$，否则 $Y = 0$。在实验箱上验证。

(6) Multisim 10 **仿真拓展性实验**

1) 用门电路设计一个 1 位数字比较器

该比较器能对两个 1 位二进制数 A，B 的大小进行比较，产生 $A > B$，$A < B$ 和 $A = B$ 这 3 个结果。

①根据设计要求，列出真值表，见表 3.10。

表 3.10　1 位数值比较器真值表

输　入		输　出		
A	B	$F_{A>B}$	$F_{A<B}$	$F_{A=B}$
0	0	0	0	1
0	1	0	1	0
1	0	1	0	0
1	1	0	0	1

②分别写出 $F_{A>B}$，$F_{A<B}$，$F_{A=B}$ 的逻辑表达式为

$$F_{A>B} = AB', F_{A<B} = A'B, F_{A=B} = AB$$

③画出逻辑电路图并用 Multisim 10 进行仿真，仿真电路图如图 3.20 所示。

④用逻辑转换仪进行设计步骤如下：

a. 调出逻辑转换仪，双击图标打开控制面板，单击左上方的 A，B 输入变量端口，使其自动列出真值表，根据比较器功能分别填出 $F_{A>B}$，$F_{A<B}$，$F_{A=B}$ 的输出状态。

b. 单击 10|1 SIMP AIB，填好的 $F_{A>B} = AB'$ 真值表及转换的表达式如图 3.21 所示。

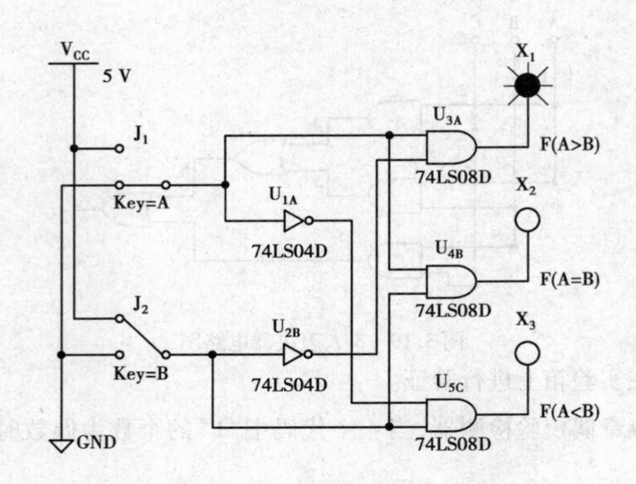

图 3.20　1 位数值比较器仿真电路

c. 单击 ,生成输出信号 $F_{A>B}$ 电路图。用同样的方法生成另外两个输出信号电路图。生成的电路图如图 3.22 所示。

d. 将电路图进行整合,使整合后的电路图如图 3.20 所示。

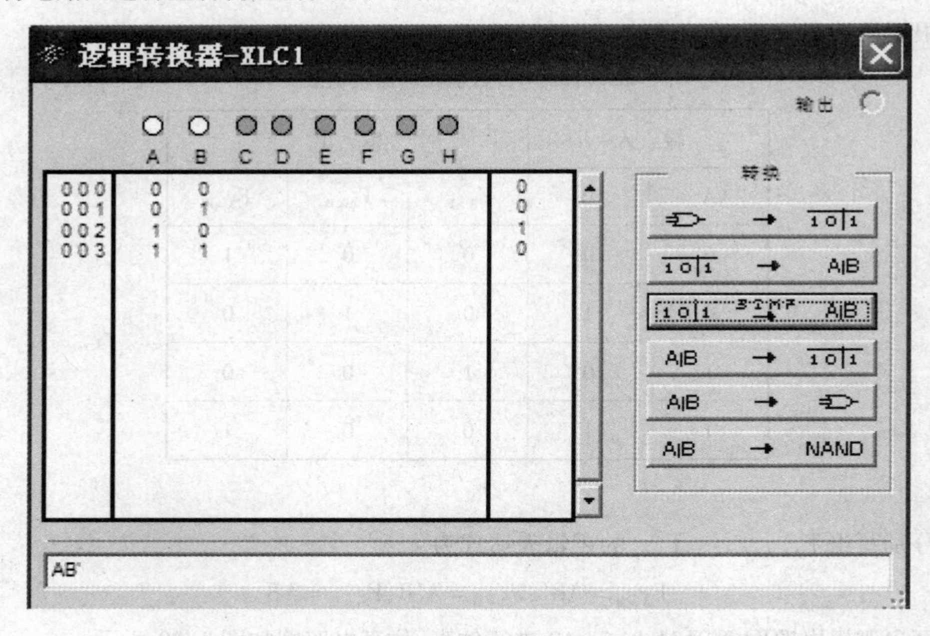

图 3.21　$F_{A>B}=AB'$ 真值表及逻辑表达式

2)用门电路设计一个 1 位全加器

该全加器真值表见表 3.11 所示。设计方法参照前面数值比较器,这里不再赘述。

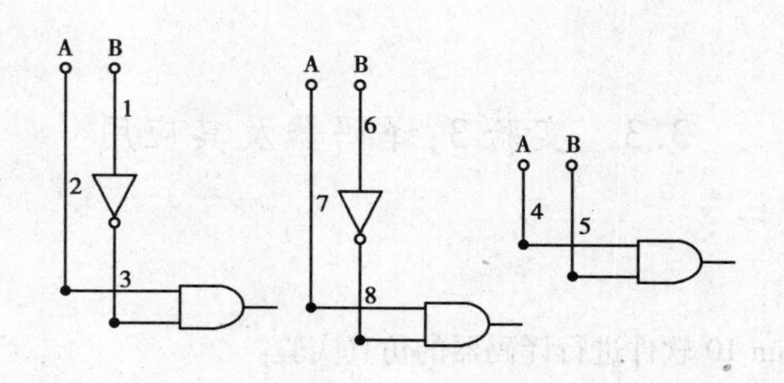

图3.22　逻辑转换仪生成的电路图

表3.11　全加器真值表

输　入			输　出	
A_n	B_n	C_{n-1}	S_n	C_n
0	0	0	0	0
0	0	1	1	0
0	1	0	1	0
0	1	1	0	1
1	0	0	1	0
1	0	1	0	1
1	1	0	0	1
1	1	1	1	1

表中 A_n,B_n 分别为全加器的加数与被加数,C_{n-1} 为低位来的进位数,S_n 为全加器的和,C_n 为向高位的进位。

(7)**实验注意事项**

①注意集成电路多余输入端的处理。

②两个集成芯片的连接,注意电平是否匹配。

③小规模集成电路设计组合电路,尽量使用较少的门电路,尽量使用与非门,提高电路的负载能力和抗干扰能力。

(8)**思考题**

①能否用其他逻辑门设计半加器和3人表决器?

②假如在设计时需要三输入的或门,而手上只有二输入的或门,应该怎么连接?

3.3 实验3:译码器及其应用

(1)实验目的

①掌握用 Multisim 10 软件进行译码器的仿真实验。

②掌握 3/8 线译码器 74LS138 的工作原理及测试方法。

③掌握用 3/8 线译码器 74LS138 构成组合电路的方法,学习译码器的扩展方法。

④熟悉七段 LED 数码管及 BCD-七段译码/驱动器 74LS47 的工作原理及应用。

(2)实验设备及器件

①计算机及电路仿真软件 Multisim 10。

②SAC-DMS2 数字电路实验箱。

③集成电路:74LS138,74LS20,74LS47 各 1 片。

(3)实验原理

1)中规模集成译码器 74LS138

74LS138 是集成 3 线-8 线译码器,在数字系统中应用比较广泛。如图 3.23 所示为其引脚排列图,如图 3.24 所示为其内部电路图。其中 A_2,A_1,A_0 为地址输入端,Y'_0—Y'_7 为译码输出端,S_1,S'_2,S'_3 为控制端,也称"片选"输入端,可将多片 74LS138 连接起来以扩展译码器的功能。表 3.12 为 74LS138 真值表。

74LS138 工作原理:当 $S_1=1,S_2+S_3=0$ 时,电路完成译码功能,输出低电平有效。其中

$$Y'_0=(A'_2A'_1A_0)' \qquad Y'_4=(A_2A'_1A'_0)'$$

$$Y'_1=(A'_2A'_1A_0)' \qquad Y'_5=A_2A'_1A_0)'$$

$$Y'_2=A'_2A_1A'_0)' \qquad Y'_6=A_2A_1A'_0)'$$

$$Y'_3=A'_2A_1A_0)' \qquad Y'_7=A_2A_1A_0)'$$

表 3.12 74LS138 真值表

输入					输出							
S_1	$S'_2+S'_3$	A_2	A_1	A_0	Y'_0	Y'_1	Y'_2	Y'_3	Y'_4	Y'_5	Y'_6	Y'_7
1	0	0	0	0	0	1	1	1	1	1	1	1
1	0	0	0	1	1	0	1	1	1	1	1	1
1	0	0	1	0	1	1	0	1	1	1	1	1
1	0	0	1	1	1	1	1	0	1	1	1	1

续表

输　入					输　出							
S_1	$S_2'+S_3'$	A_2	A_1	A_0	Y'_0	Y'_1	Y'_2	Y'_3	Y'_4	Y'_5	Y'_6	Y'_7
1	0	1	0	0	1	1	1	1	0	1	1	1
1	0	1	0	1	1	1	1	1	1	0	1	1
1	0	1	1	0	1	1	1	1	1	1	0	1
1	0	1	1	1	1	1	1	1	1	1	1	0
0	×	×	×	×	1	1	1	1	1	1	1	1
×	1	×	×	×	1	1	1	1	1	1	1	1

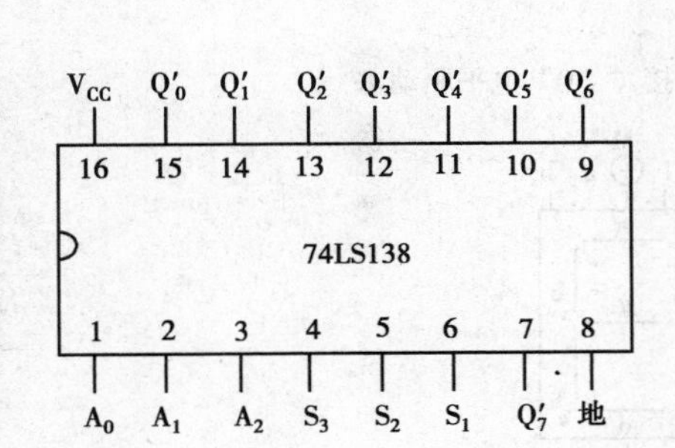

图 3.23　74LS138 引脚排列图

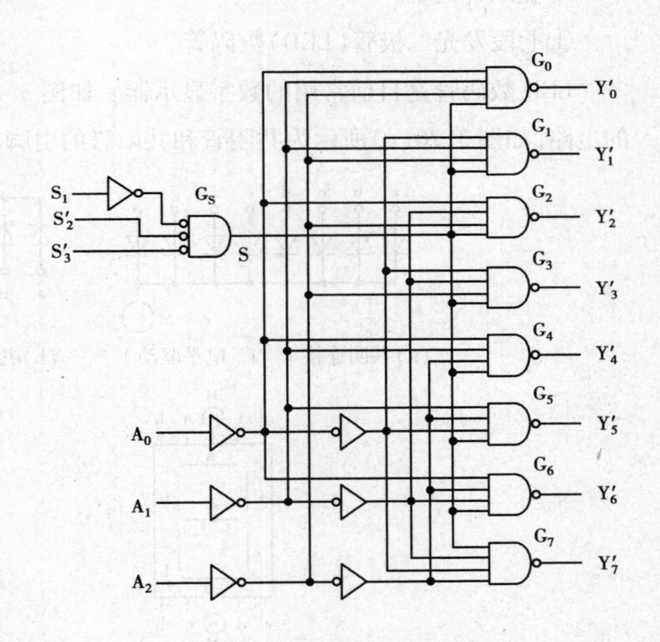

图 3.24　74LS138 内部电路图

2）译码器应用

因为3/8 线译码器 74LS138 的输出包括了三变量数字信号的全部 8 种组合，每一个输出端表示一个最小项。因此，可利用 8 条输出线组合构成三变量的任意组合电路，实现逻辑函数，还可用译码器构成数据分配器或时钟分配器等。

数据分配器也称为多路分配器，它可按地址的要求将一路输入数据分配到多输出通道中某一个特定输出通道去。它的作用相当于多个输出的单刀多掷开关。将带使能端的 3/8 线译码器 74LS138 改作 8 路数据分配器的电路图如图 3.25 所示。译码器控制端作为分配器的数据输入端，译码器的地址输入端作为分配器的地址码输入端，译码器的输出端作为分配器的输出端。这样分配器就会根据所输入的地址码将输入数据分配到地址码所指定的输出通道。

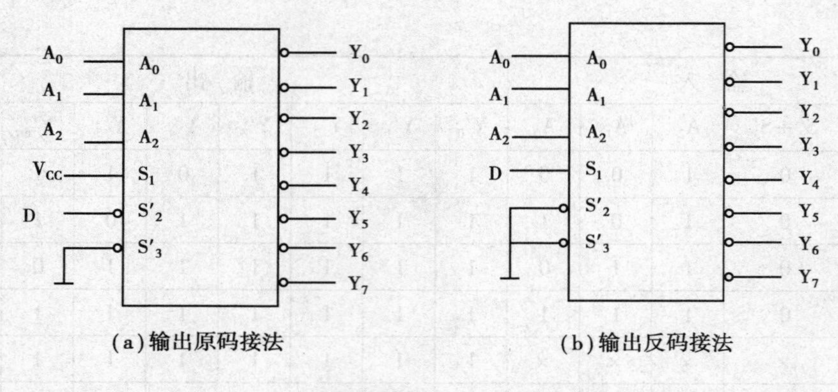

图 3.25　3/8 线译码器 74LS138 作 8 路数据分配器

3)显示译码器

①七段发光二极管(LED)数码管

LED 数码管是目前常用的数字显示器。如图 3.26(a),(b)所示分别为共阴管和共阳管的电路,如图 3.26(c)所示为共阴管和共阳管的引脚功能图。

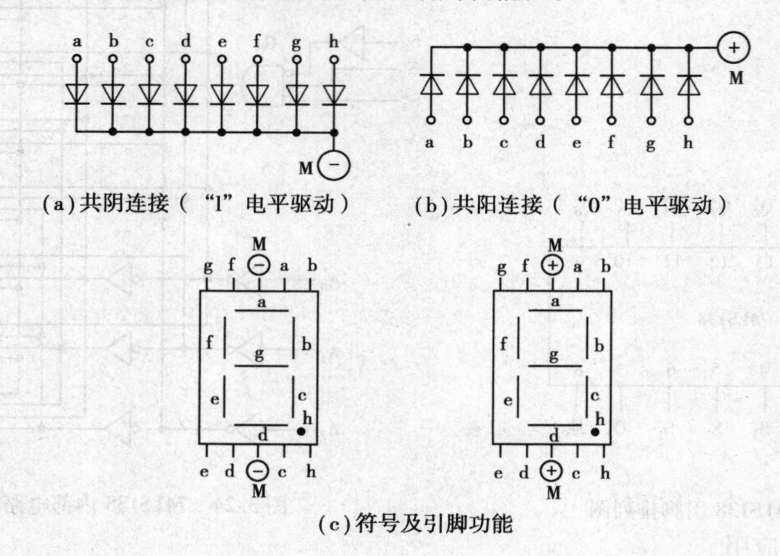

图 3.26　LED 数码管

一个 LED 数码管可用来显示 1 位 0 ~9 十进制数和一个小数点。小型数码管(0.5 in 和 0.36 in)每段发光二极管的正向压降,随显示光(通常为红、绿、黄、橙色)的颜色不同略有差别,通常为 2 ~2.5 V,每个发光二极管的点亮电流为 5 ~10 mA。LED 数码管要显示 BCD 码所表示的十进制数字就需要有一个专门的译码器,该译码器不但要完成译码功能,还要有相当的驱动能力。

②BCD 码七段译码驱动器

此类译码器型号有 74LS47(输出低电平)、74LS48(输出高电平)、CC4511(输出高电平)

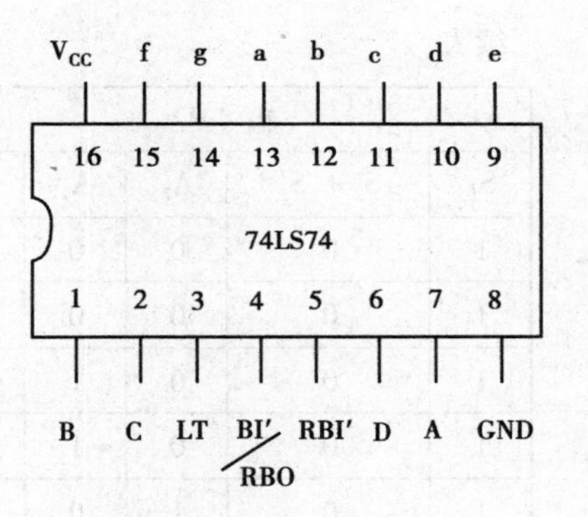

图3.27 74LS47引脚排列图

等，本实验箱采用74LS47 BCD码锁存/七段译码/驱动器，驱动共阳极LED数码管。如图3.27所示为74LS47引脚排列图。

74LS47引脚排列说明如下：

A，B，C，D——BCD码输入端。

a，b，c，d，e，f，g——译码输出端，输出“0”有效，用来驱动共阳极LED数码管。

LT′——试灯输入端，LT′＝“0”时，译码输出全为“0”，数码管七段同时点亮，以检查数码管各段能否正常发光。常态时LT′＝1，对电路无影响。

BT′/RBO′——灭灯输入端，BI′＝“0”时，译码输出全为“1”。作为输出端使用时，称灭“0”输出端。在A＝B＝C＝D＝0时，而且RBI′＝0时，RBO′才会输出高电平，表示译码器把不希望显示的零熄灭了。

RBI′——熄零输入端。用来熄灭不希望显示的零。如0013.23000，显然前两个零和后3个零均无效，则可用RBI′使之熄灭。输入其他数码，照常显示。

（4）Multisim 10 **仿真实验预习**

1）译码器74LS138逻辑功能测试

①按照图3.28所示，将74LS138、开关、红色指示灯、电源和地线调出，放置在电子平台上，照图3.28连接好。

②开启仿真开关，根据表3.13设置开关位置，将仿真结果填入表3.13中并分析所测结果是否与表3.12相符。图3.28中74LS138D的A，B，C分别对应表3.13中的A_0，A_1，A_2，G_1，$\sim G_{2A}$，$\sim G_{2B}$分别对应表3.13中的S_1，S_2'，S_3'。

2）显示译码器逻辑功能测试

①按照图3.29所示，将74LS47、共阳数码管、开关、电源和地线调出，放置在电子平台上并连接好。

②开启仿真开关，根据表3.14，设置开关位置，将仿真结果填入表3.14中。

表3.13 74LS138输出状态记录表

输入					输出							
S_1	$S_2'+S_3'$	A_2	A_1	A_0	Y'_0	Y_1'	Y_2'	Y_3'	Y_4'	Y_5'	Y_6'	Y_7'
0	×	×	×	×								
×	1	×	×	×								

续表

输入					输出							
S_1	$S_2'+S_3'$	A_2	A_1	A_0	Y_0'	Y_1'	Y_2'	Y_3'	Y_4'	Y_5'	Y_6'	Y_7'
1	0	0	0	0								
1	0	0	0	1								
1	0	0	1	0								
1	0	0	1	1								
1	0	1	0	0								
1	0	1	0	1								
1	0	1	1	0								
1	0	1	1	1								

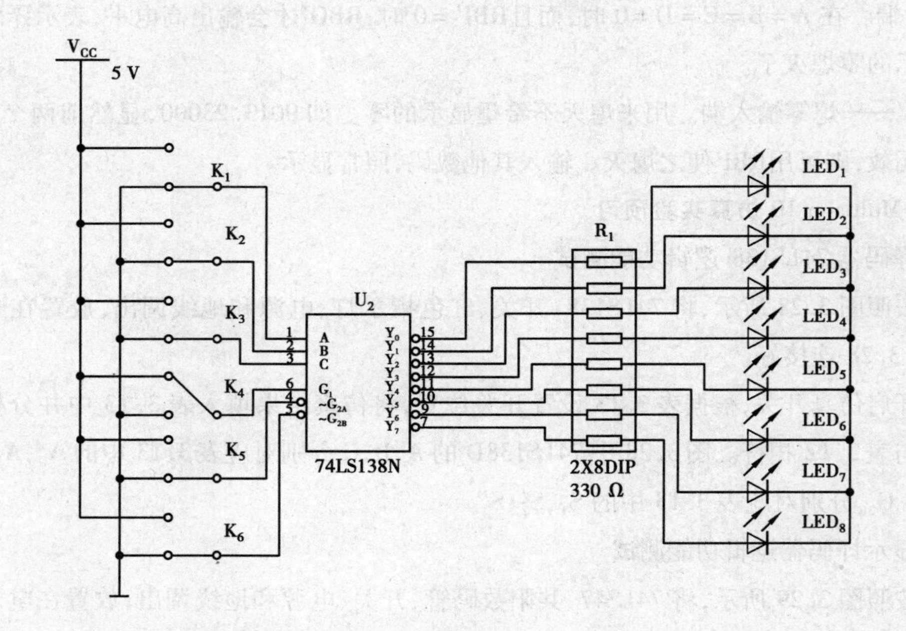

图 3.28　74LS138 逻辑功能测试仿真电路

表 3.14　BCD-七段译码显示器真值表

LT	RBI	BI / RBO	D　C　B　A	a　b　c　d　e　f　g	显示
0	1	1	×　×　×　×		
1	0	1	×　×　×　×		
1	1	0	×　×　×　×		
1	1	1	0　0　0　0		

续表

LT	RBI	BI / RBO	D C B A	a b c d e f g	显示
1	1	1	0 0 0 1		
1	1	1	0 0 1 0		
1	1	1	0 0 1 1		
1	1	1	0 1 0 0		
1	1	1	0 1 0 1		
1	1	1	0 1 1 0		
1	1	1	0 1 1 1		
1	1	1	1 0 0 0		
1	1	1	1 0 0 1		
1	1	1	1 0 1 0		
1	1	1	1 0 1 1		
1	1	1	1 1 0 0		
1	1	1	1 1 0 1		
1	1	1	1 1 1 0		
1	1	1	1 1 1 1		

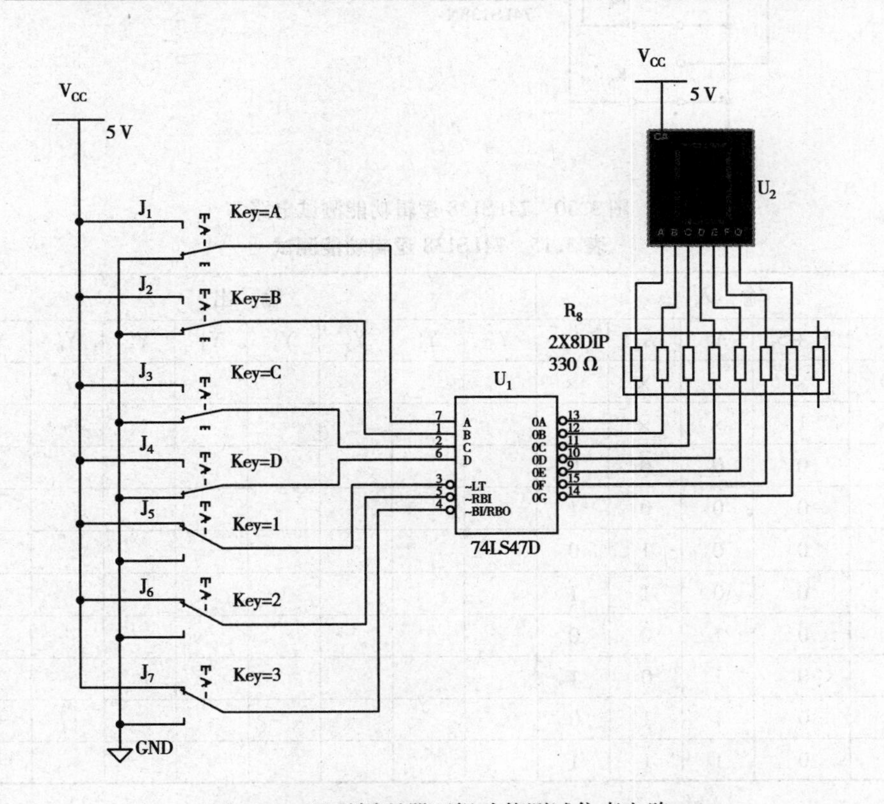

图 3.29　显示译码器逻辑功能测试仿真电路

(5)**实验室操作内容**

1)译码器 74LS138 逻辑功能测试

按照图 3.30 所示,将译码器使能端 S_1,S_2',S_3'及地址端 A_2,A_1,A_0分别接至逻辑电平开关输出孔,8 个输出端Y_7',…,Y_0'依次连接在逻辑电平显示器的 8 个输入孔上,拨动逻辑电平开关,按表 3.15 所示条件输入开关状态,逐项测试 74LS138 的逻辑功能,观察并记录译码器输出状态。LED 指示灯亮为“1”,灯不亮为“0”。

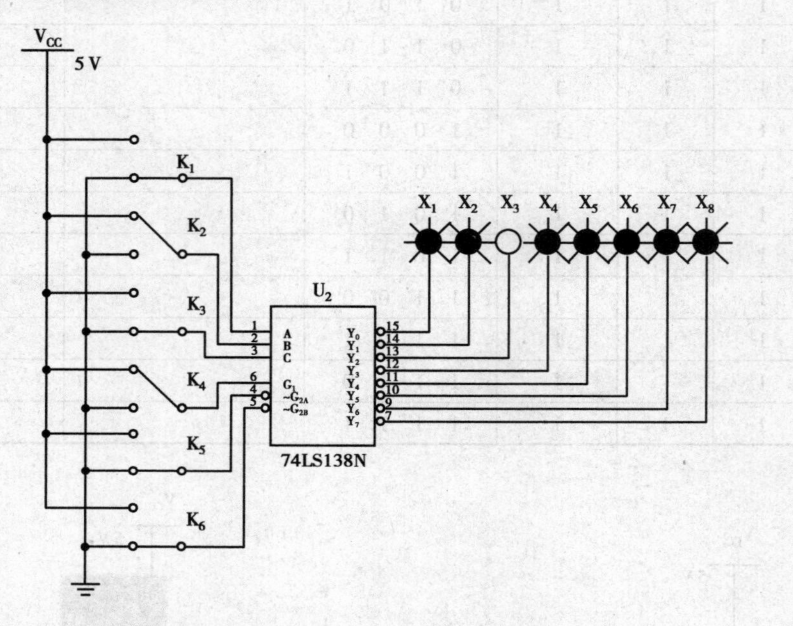

图 3.30　74LS138 逻辑功能测试电路

表 3.15　74LS138 逻辑功能测试

输入					输出							
S_1	$S_2'+S_3'$	A_2	A_1	A_0	Y_0'	Y_1'	Y_2'	Y_3'	Y_4'	Y_5'	Y_6'	Y_7'
0	×	×	×	×								
×	1	×	×	×								
1	0	0	0	0								
1	0	0	0	1								
1	0	0	1	0								
1	0	0	1	1								
1	0	1	0	0								
1	0	1	0	1								
1	0	1	1	0								
1	0	1	1	1								

2)用74LS138实现逻辑函数 $Y = AB + BC + AC$

如果设 $A_2 = A, A_1 = B, A_0 = C$,则函数Y的逻辑图如图3.31所示。用74LS138和74LS20各1块在实验箱上连接线路,并将测试结果记录在表3.16中。

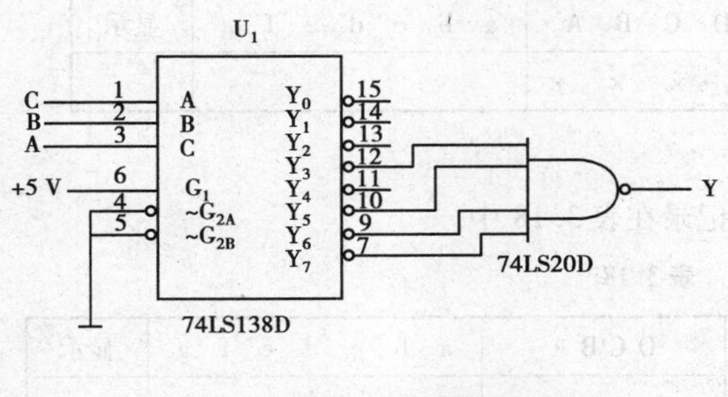

图3.31　用74LS138组成函数Y

表3.16　函数功能测试

A	B	C	Y
0	0	0	
0	0	1	
0	1	0	
0	1	1	
1	0	0	
1	0	1	
1	1	0	
1	1	1	

3)译码显示电路功能测试

①依据图3.32所示连接电路。

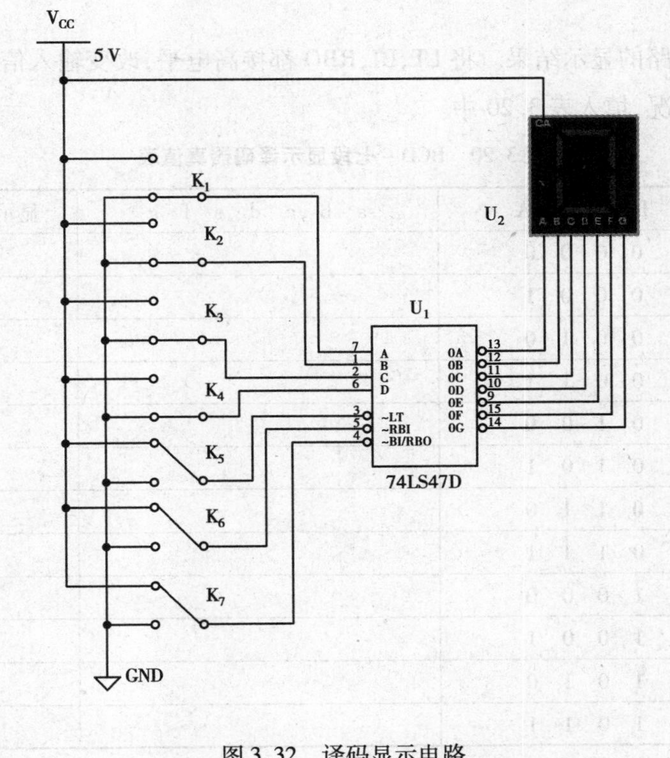

图3.32　译码显示电路

②测试74LS47的管脚功能,并记录结果。

a. 测LT′的功能,并将测试结果记录在表3.17中。

表3.17

LT′	BI′/RBO′	RBI′	D C B A	a b c d e f g	显示
0	悬空或"1"	悬空或"1"	× × × ×		

b. 测BI′/RBO′的功能,并将测试结果记录在表3.18中。

表3.18

LT′	BI′/RBO′	RBI′	D C B A	a b c d e f g	显示
悬空或"1"	0	悬空或"1"	× × × ×		

c. 测RBI′的功能,并将测试结果记录在表3.19中。

表3.19

LT′	BI′/RBO′	RBI′	D C B A	a b c d e f g	显示
悬空或"1"	悬空或"1"	0	× × × ×		

③测试显示电路的显示结果。将LT,BI,RBO都接高电平,改变输入信号的状态,观察记录数码管的显示情况,填入表3.20中。

表3.20 BCD-七段显示译码器真值表

D C B A	a b c d e f g	显示
0 0 0 0		
0 0 0 1		
0 0 1 0		
0 0 1 1		
0 1 0 0		
0 1 0 1		
0 1 1 0		
0 1 1 1		
1 0 0 0		
1 0 0 1		
1 0 1 0		
1 0 1 1		

续表

D C B A	a b c d e f g	显示
1 1 0 0		
1 1 0 1		
1 1 1 0		
1 1 1 1		

(6) Multisim 10 **仿真拓展性实验**

1) 试用 1 片 74LS138 和 1 片 74LS20 实现全加器功能

自拟全加器真值表及电路图,并仿真验证。参考电路如图 3.33 所示。

2) 用两个 3 线-8 线译码器构成 4 线-16 线译码器

利用使能端能方便地将两个 3/8 译码器组合成一个 4/16 译码器,如图 3.34 所示。

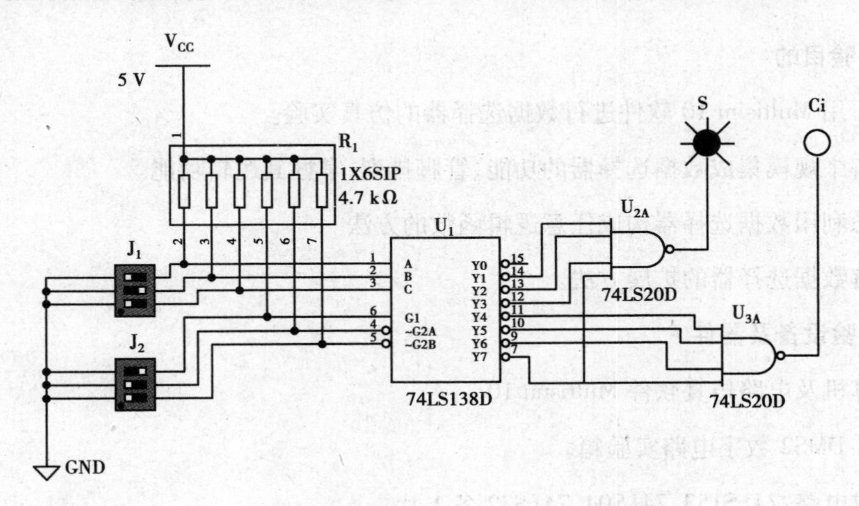

图 3.33　用 74LS138 实现全加器功能电路图

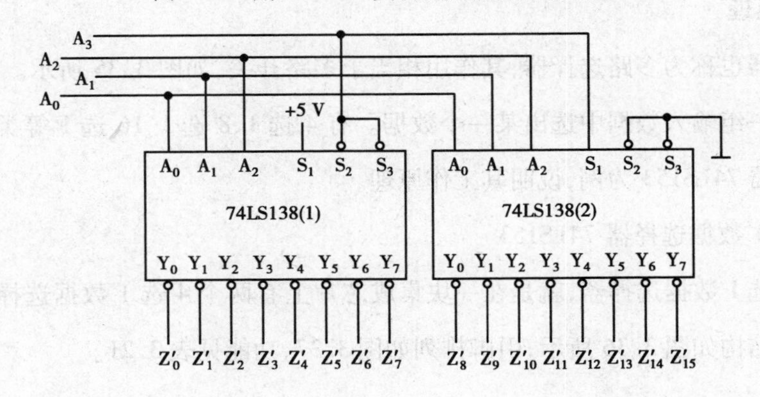

图 3.34　用 2 片 74LS138 组合成 4/16 译码器

(7) **实验注意事项**

①注意集成电路输入控制端和输出控制端的信号。

②74LS138 集成块搭接中注意输出信号的处理。

③注意显示器管脚与译码器的对应关系。

(8) **思考题**

①74LS138 为什么能接成数据分配器?

②74LS47 直接驱动共阴极数码管还是共阳极数码管?

3.4 实验 4:数据选择器及其应用

(1) **实验目的**

①学习用 Multisim 10 软件进行数据选择器的仿真实验。

②了解中规模集成数据选择器的功能、管脚排列,掌握其逻辑功能。

③熟悉利用数据选择器构成任意逻辑函数的方法。

④了解数据选择器的扩展方法。

(2) **实验设备及器件**

①计算机及电路仿真软件 Multisim 10。

②SAC-DMS2 数字电路实验箱。

③集成电路:74LS153,74LS04,74LS32 各 1 片。

(3) **实验原理**

数据选择器也称为多路选择器,其作用相当于多路开关,如图 3.35 所示。用于数字信号传输过程中从一组输入数据中选出某一个数据。有 4 选 1、8 选 1、16 选 1 等类别。现以双 4 选 1 数据选择器 74LS153 为例,说明其工作原理。

1) 双 4 选 1 数据选择器 74LS153

所谓双 4 选 1 数据选择器,就是在一块集成芯片上有两个 4 选 1 数据选择器。4 选 1 数据选择器内部结构如图 3.36 所示,引脚排列如图 3.37,功能见表 3.21。

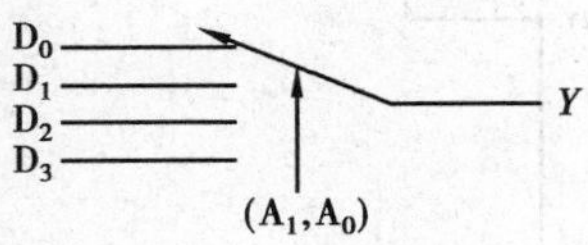

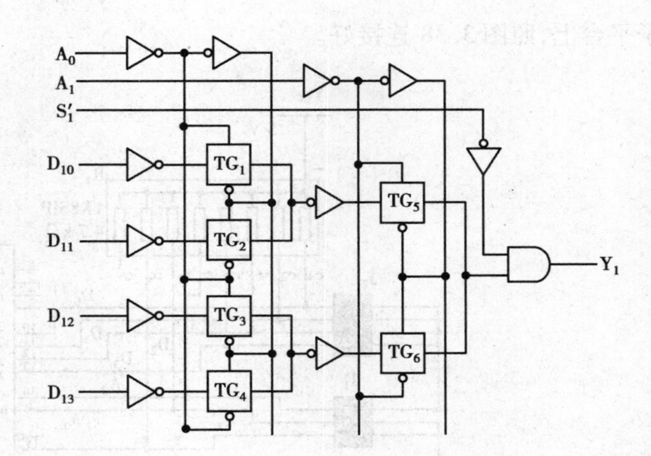

图 3.35 数据选择器功能示意图

图 3.36 4 选 1 数据选择器内部结构图

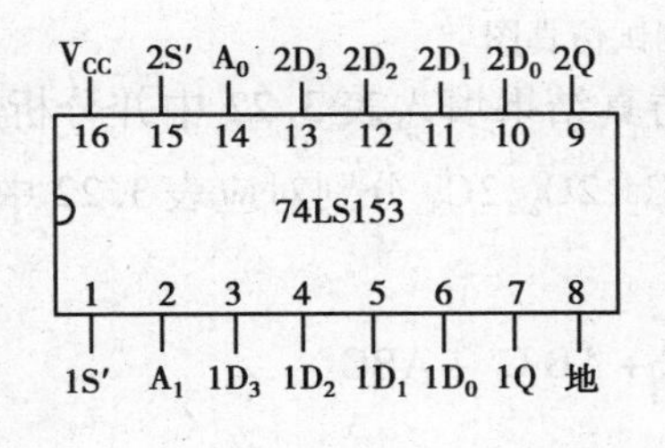

图 3.37 74LS153 引脚功能

表 3.21 74LS153 功能表

输入				输出
S	A_1	A_0	D	Y
0	×	×	×	0
1	0	0	D_0	D0
1	0	1	D_1	D1
1	1	0	D_2	D2
1	1	1	D_3	D3

1S′,2S′为两个独立的使能端；A_1，A_0 为公用的地址输入端；$1D_0$—$1D_3$ 和 $2D_0$—$2D_3$ 分别为两个 4 选 1 数据选择器的数据输入端；Q1，Q2 为两个输出端。

①当使能端 1S′(2S′) = 1 时，多路开关被禁止，无输出，Q = 0。

②当使能端 1S′(2S′) = 0 时，多路开关正常工作，根据地址码 A_1，A_0 的状态，将相应的数据 D_0—D_3 送到输出端 Q。

该电路的表达式为

$$Y = (A_1'A_0'D_0 + A_1'A_0D_1 + A_1A_0'D_2 + A_1A_0D_3)S'$$

2）数据选择器的应用——实现逻辑函数

用数据选择器实现逻辑函数，方法与译码器相似，只是将出现的最小项对应的数据端接入高电平，未出现的接低电平，将地址端作为自变量的输入端，则可以实现。

（4）Multisim 10 **仿真实验预习**

1）74LS153 逻辑功能测试

①按照图 3.38 所示，将 74LS153、拨码开关、排阻、红色指示灯、电源和地线调出，放置在

电子平台上，照图 3.38 连接好。

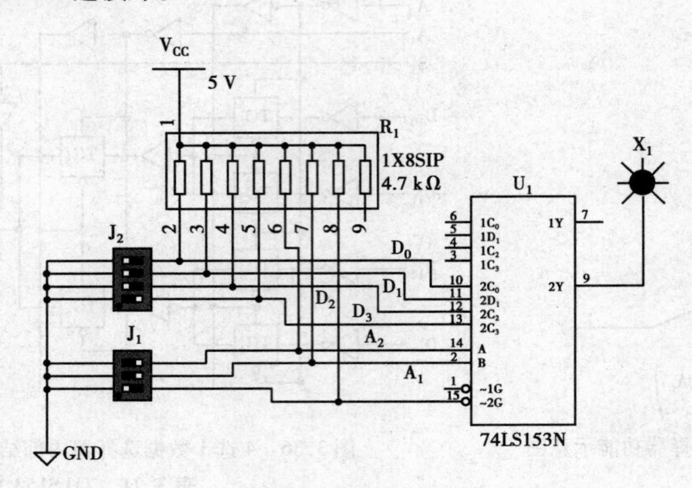

图 3.38　74LS153 逻辑功能测试仿真图

②开启仿真开关，根据表 3.22，设置开关位置，将仿真结果填入表 3.22 中并分析所测结果是否与表 3.21 相符。图 3.38 中 74LS153N 的 $2C_0$，$2C_1$，$2C_2$，$2C_3$ 分别对应表 3.22 中的 D_0，D_1，D_2，D_3，A，B，2G 分别对应表 3.22 中的 A_0，A_1，S'。

2）用 4 选 1 数据选择器实现函数 $F = A'BC + AB'C + ABC' + ABC$

根据逻辑表达式进行分析、设定变量，状态赋值。

函数 F 有 3 个输入变量 A，B，C，而数据选择器有两个地址端 A_1，A_0 少于函数输入变量个数，在设计时可用地址输入端 A_1，A_0 作变量 A，B，数据输入端根据需要作 C 或接电源、地，将 74LS153 的表达式（或功能表）与函数 F 对照，得

$$D_0 = 0, D_1 = D_2 = C, D_3 = 1$$

仿真图如图 3.39 所示，测试并记录结果填入表 3.23 中。

表 3.22　74LS153 逻辑功能测试

输　入				输出
S'	A_1	A_0	D	Y
1	×	×	×	
0	0	0	D_0	
0	0	1	D_1	
0	1	0	D_2	
0	1	1	D_3	

表 3.23　函数 F 真值表

输　入			输出
A	B	C	F
0	0	0	
0	0	1	
0	1	0	
0	1	1	
1	0	0	

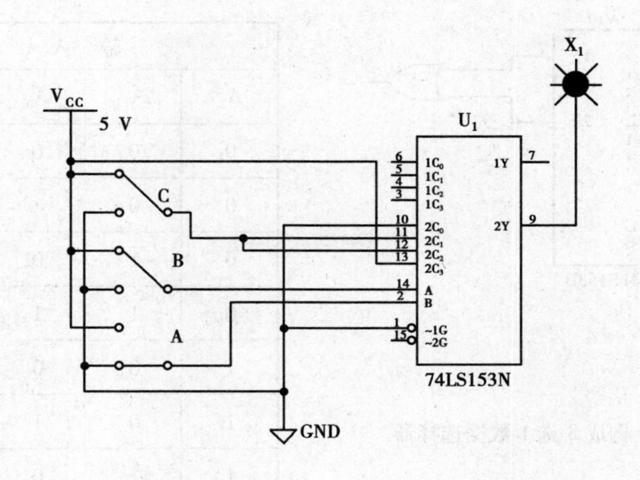

图 3.39　用 74LS153 实现函数

(5)**实验室操作内容**

1)测试双 4 选 1 数据选择器的逻辑功能

按图 3.40 所示,在实验箱上接线,利用开关按 74LS153 功能表逐项进行测试,观测输出结果并记录于表 3.24 中。

表 3.24　74LS153 逻辑功能测试

输　入				输　出
S'	A_1	A_0	D	Y
1	×	×	×	
0	0	0	D_0	
0	0	1	D_1	
0	1	0	D_2	
0	1	1	D_3	

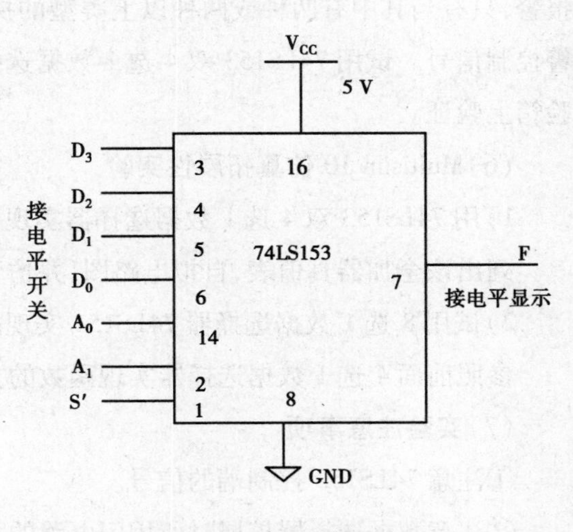

图 3.40　74LS153 接线图

2)用数据选择器 74LS153 构成 8 选 1 数据选择器

参照图 3.41 所示搭接电路,观察电路的功能,将结果记录于表 3.25 中。

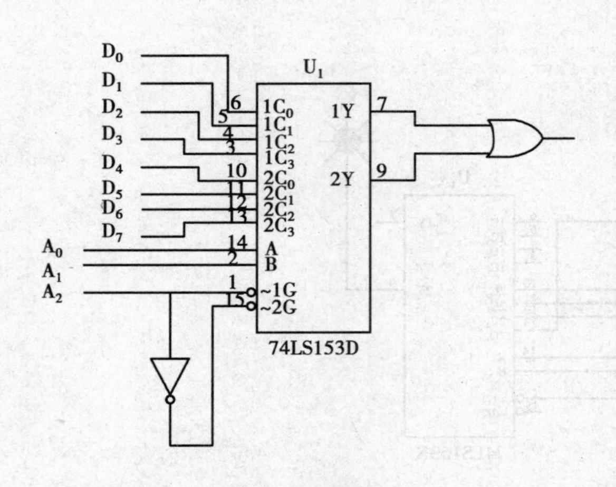

图 3.41　74LS153 构成 8 选 1 数据选择器

表 3.25

输　入				输　出
A_2	A_1	A_0	D	Y
0	0	0	D_0	
0	0	1	D_1	
0	1	0	D_2	
0	1	1	D_3	
1	0	0	D_4	
1	0	1	D_5	
1	1	0	D_6	
1	1	1	D_7	

3)用 74LS153 双 4 选 1 数据选择路设计一火灾报警系统

有一火灾报警系统,设有烟感、温感和紫外线光感 3 种类型的火灾探测器。为了防止误报警,只有当其中有两种或两种以上类型的探测器发出火灾检测信号时,报警系统才产生报警控制信号。试用 74LS153 双 4 选 1 数据选择器设计一个产生报警控制信号的电路并在实验箱上验证。

(6)**Multisim 10 仿真拓展性实验**

1)用 74LS153 双 4 选 1 数据选择器实现一位全加器功能

列出该全加器真值表,自拟电路图,并仿真验证。

2)试用 8 选 1 数据选择器 74LS151 实现函数 $F = A'B'C' + AC + A'BC$

参照前面 4 选 1 数据选择器实现函数的方法,并仿真验证。

(7)**实验注意事项**

①注意 74LS153 控制端的信号。

②注意数据选择器扩展时所用门电路的类型。

(8)**思考题**

①分析数据选择器的逻辑功能。

②总结用数据选择器实现函数的原理及扩展功能的连接方法。

③数据选择器与数据分配器有什么不同?

3.5 实验5:触发器

(1)实验目的

①掌握用 Multisim 10 软件进行触发器仿真实验的方法。

②掌握基本 RS 触发器、JK 触发器、D 触发器和 T 触发器的逻辑功能。

③了解各触发器之间的转换方法,并检验其逻辑功能。

(2)实验设备及器件

①计算机及电路仿真软件 Multisim 10。

②SAC-DMS2 数字电路实验箱。

③集成电路:74LS112,74LS74,74LS00 各1片。

(3)实验原理

触发器是具有记忆功能的二进制信息存储器件,它是时序逻辑电路的基本单元之一。触发器具有两个稳定状态,分别用来表示逻辑0和逻辑1。在一定的外界信号作用下,可从一个稳定状态翻转到另一个稳定状态,在输入信号取消后,能将获得的新状态保存下来。触发器输出不但取决于它的输入,而且还与它原来的状态有关。触发器接收信号之前的状态称为初态,用 Q^n 表示;触发器接收信号之后的状态称为次态,用 Q^{n+1} 表示。触发器按逻辑功能,可分 RS 触发器、JK 触发器、D 触发器、T 触发器等;按电路触发方式,可分为电平型触发器和边沿型触发器两大类。

1)基本 RS 触发器

如图3.42所示电路是由两个"与非"门交叉耦合而成的基本 RS 触发器,它是无时钟控制低电平直接触发的触发器,有直接置位、复位的功能,是组成各种功能触发器的最基本单元。

其输入端分别用 R 和 S 表示,输出端用 Q 和 Q' 表示,Q 和 Q' 为两个互补输出端,正常工作时两个输出端总是处于相反的状态。基本 RS 触发器也可用两个"或非"门组成,它是高电平直接触发的触发器。其功能表见表3.26。

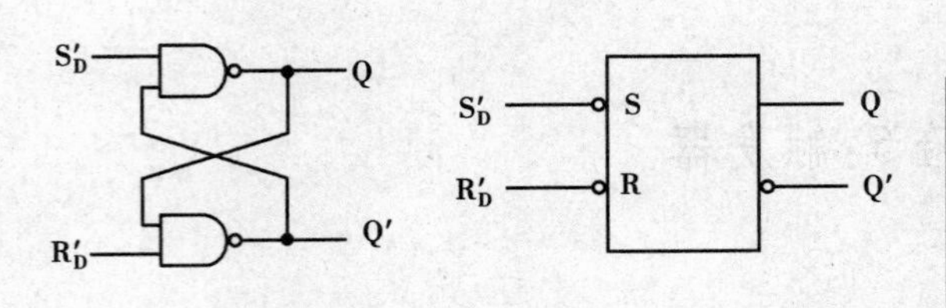

图 3.42 与非门组成的基本 RS 触发器

表 3.26 与非门组成的基本 RS 触发器功能表

R′	S′	Q^{n+1}	Q'^{n+1}	状态(功能)
0	0	1	1	不定
0	1	0	1	置 0
1	0	1	0	置 1
1	1	0	1	保持

2)JK 触发器

JK 触发器是一种逻辑功能完善、通用性强的集成触发器。在结构上可分为主从型 JK 触发器和边沿型 JK 触发器。在产品中应用较多的是下降边沿触发的边沿型 JK 触发器。JK 触发器的逻辑符号如图 3.43 所示。它有 3 种不同功能的输入端:第一种是直接置位、复位输入端,用 R′和 S′表示。在 S′ = 0,R′ = 1 或 R′ = 0,S′ = 1 时,触发器不受其他输入端状态影响,使触发器强迫置“1”(或置“0”),当不强迫置“1”(或置“0”)时,S′,R′都应置高电平。第二种是时钟脉冲输入端,用来控制触发器翻转(或称为状态更新),用 CP 表示(在国家标准符号中称为控制输入端,用 C 表示),逻辑符号中 CP 端处若有小圆圈,则表示触发器在时钟脉冲下降沿(或负边沿)发生翻转,若无小圆圈,则表示触发器在时钟脉冲上升沿(或正边沿)发生翻转。第三种是数据输入端,它是触发器状态更新的依据,用 J,K 表示,在 CP 脉冲作用下,JK 触发器具有置“0”“1”“保持”和“计数”4 种功能。JK 触发器的状态方程为

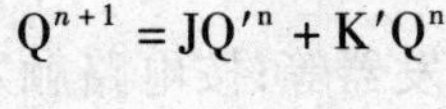

$$Q^{n+1} = JQ'^n + K'Q^n$$

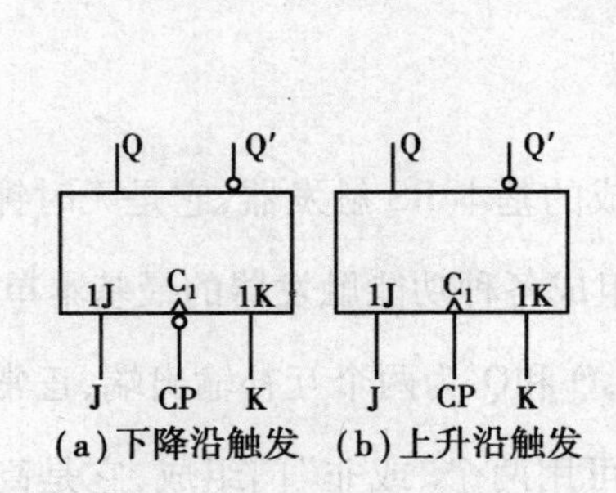

(a)下降沿触发 (b)上升沿触发

图 3.43 JK 触发器

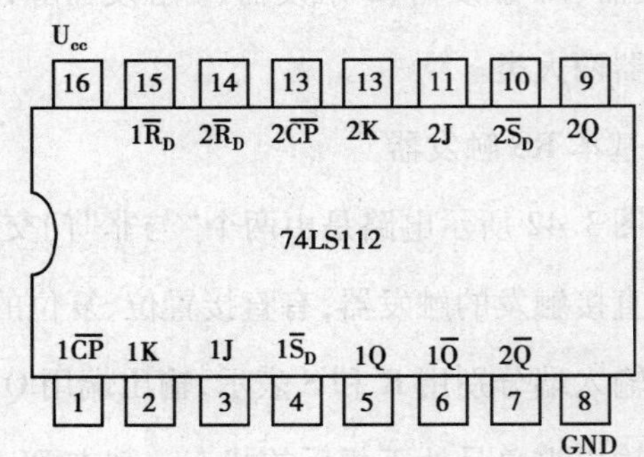

图 3.44 74LS112 引脚排列图

本实验采用 74LS112 型双 JK 触发器,是下降边沿触发的边沿触发器。引脚排列如图 3.44所示。表 3.27 为其功能表。

3) D 触发器

D 触发器是另一种使用广泛的触发器,它的基本结构多为维阻型。D 触发器的逻辑符号如图 3.45 所示。D 触发器是在 CP 脉冲上升沿触发翻转,触发器的状态取决于 CP 脉冲到来之前 D 端的状态,其状态方程为

$$Q^{n+1}=D$$

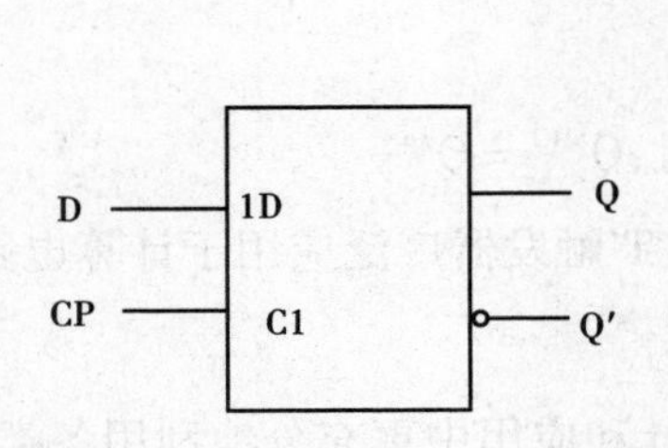

图 3.45　D 触发器

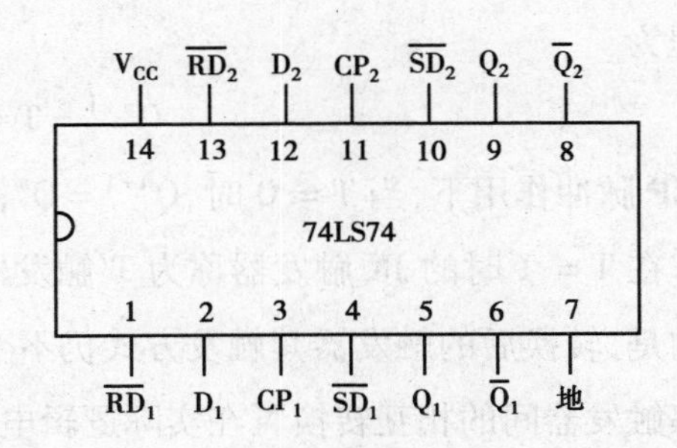

图 3.46　74LS74 引脚排列图

本实验采用 74LS74 型双 D 触发器,是上升边沿触发的边沿触发器。引脚排列如图 3.46 所示,表 3.28 为其功能表。

表 3.27　JK 触发器功能表

输入					输出	
S'_D	R'_D	CP	J	K	Q^{n+1}	Q'^{n+1}
0	1	×	×	×	1	0
1	0	×	×	×	0	1
0	0	×	×	×	1	1
1	1	↓	0	0	保　持	
1	1	↓	1	0	1	0
1	1	↓	0	1	0	1
1	1	↓	1	1	计　数	
1	1	1	×	×	保　持	

注:×—任意态;↓—高到低电平跳变;↑—低到高电平跳变;$Q^n(Q'^n)$—现态;$Q^{n+1}(Q'^{n+1})$—次态。

表 3.28　D 触发器功能表

输入				输出	
S'_D	R'_D	CP	D	Q^{n+1}	Q'^{n+1}
0	1	×	×	1	0
1	0	×	×	0	1
0	0	×	×	1	1
1	1	↑	1	1	0
1	1	↑	0	0	1
1	1	↑	×	保　持	

注:同表 3.27。

不同类型的触发器对时钟信号和数据信号的要求各不相同。一般来说,边沿触发器要求数据信号超前于触发边沿一段时间出现(称为建立时间),并且要求在边沿到来后继续维持一段时间(称为保持时间)。对于触发边沿陡度也有一定要求(通常要求 <100 ns)。主从触发

器对上述时间参数要求不高,但要求在 CP = 1 期间,外加的数据信号不允许发生变化,否则将导致触发器错误输出。

4)触发器的相互转换

在集成触发器的产品中,虽然每一种触发器都有固定的逻辑功能,但可利用转换的方法得到其他功能的触发器。如果把 JK 触发器的 JK 端连在一起(称为 T 端)就构成 T 触发器,其状态方程为

$$Q^{n+1} = T'Q^n + TQ'^n$$

在 CP 脉冲作用下,当 T = 0 时,$Q^{n+1} = Q^n$;T = 1 时,$Q^{n+1} = Q'^n$。

工作在 T = 1 时的 JK 触发器称为 T′触发器。T 和 T′触发器广泛应用于计算电路中。值得注意的是,转换后的触发器其触发方式仍不变。

了解触发器间的相互转换可在实际逻辑电路的设计和应用中更充分地利用各类触发器,同时也有助于更深入地理解和掌握各类触发器的特点与区别。

①JK 触发器转换为 D 触发器,如图 3.47 所示。

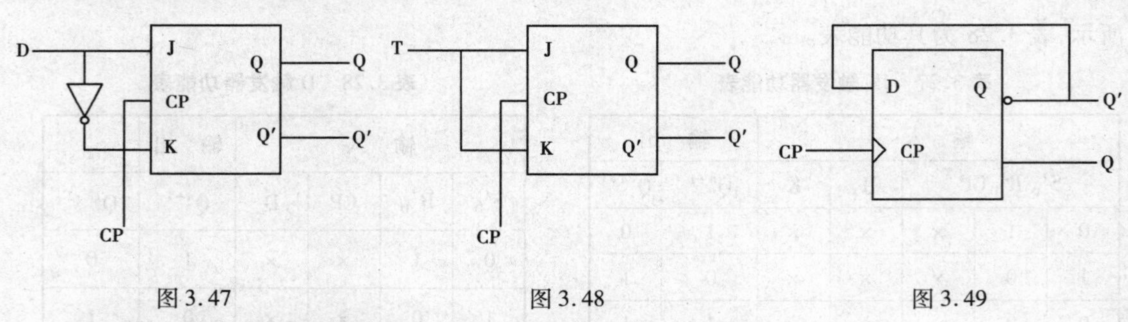

图 3.47　　图 3.48　　图 3.49

②JK 触发器转换为 T 触发器,如图 3.48 所示。

③D 触发器转换为 T′触发器,如图 3.49 所示。

(4)Multisim 10 **仿真实验预习**

1)JK 触发器逻辑功能测试

①按照图 3.50 所示,将 74LS112、拨码开关、排阻、红色指示灯、电源和地线调出,放置在电子平台上,照图 3.50 连接好。

②开启仿真开关,根据表 3.29 和表 3.30 设置开关位置,将仿真结果填入表 3.29 和表 3.30中并分析所测结果是否与表 3.27 相符。图 3.50 中 74LS112D 的 1CLR,1PR ,1J,1K,1CLK 分别对应表 3.29 和表 3.30 中的 R'_D,S'_D,J,K,CP。

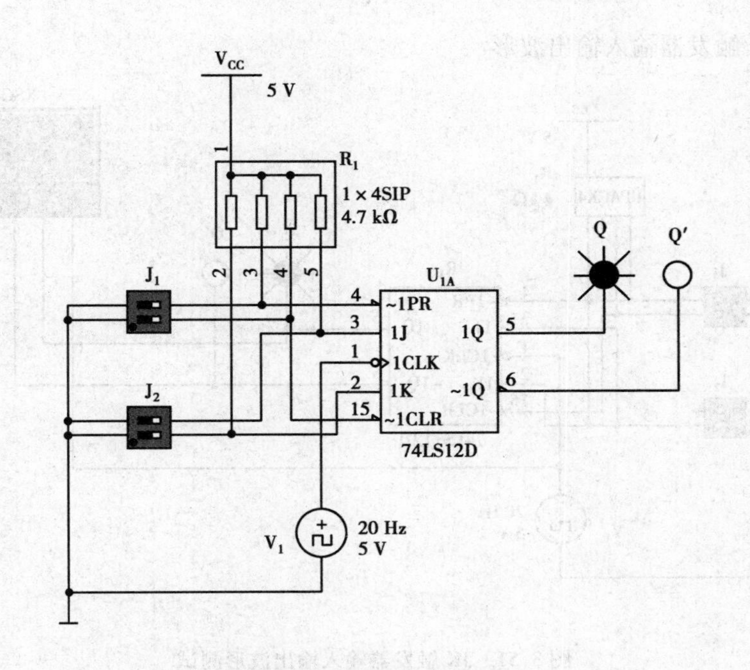

图3.50　JK触发器逻辑功能测试

表3.29　JK触发器复位、置位功能测试

输入					输出		功　能
CP	J	K	R'_D	S'_D	Q	Q′	
×	×	×	0	0			
×	×	×	0	1			
×	×	×	1	0			

表3.30　JK触发器逻辑功能测试

R'_D	S'_D	J	K	CP	Q^{n+1}		功　能
					$Q^n=0$	$Q^n=1$	
1	1	0	0	0→1			
				1→0			
1	1	0	1	0→1			
				1→0			
1	1	1	0	0→1			
				1→0			
1	1	1	1	0→1			
				1→0			

2）观察 JK 触发器输入输出波形

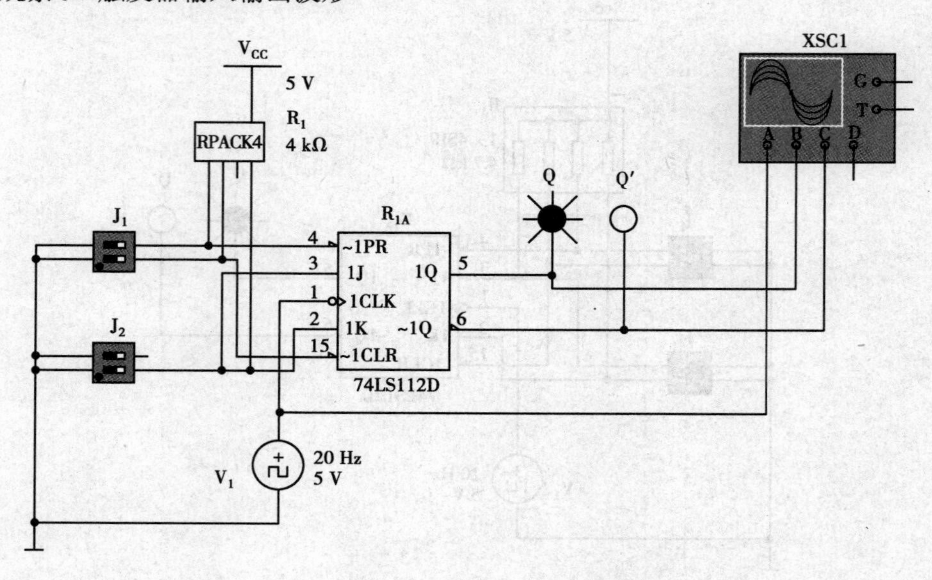

图 3.51　JK 触发器输入输出波形测试

①将图 3.51 中 J_1，J_2 拨码开关设置为计数状态（J = K = 1），从仪器工具条中将虚拟 4 踪示波器器调出，放置在电子平台上。示波器 A，B，C 通道分别接脉冲信号、Q 端、Q′端。

②开启仿真开关，双击示波器图标，打开示波器面板，如图 3.52 所示。面板中第一行波形是脉冲信号波形，第二行是 Q 端波形，第三行是 Q′端波形。从图 3.52 中可知，当脉冲信号下降沿到来时，Q 端由低电平跳变为高电平，同时 Q′端由高电平跳变到低电平；当脉冲上升沿

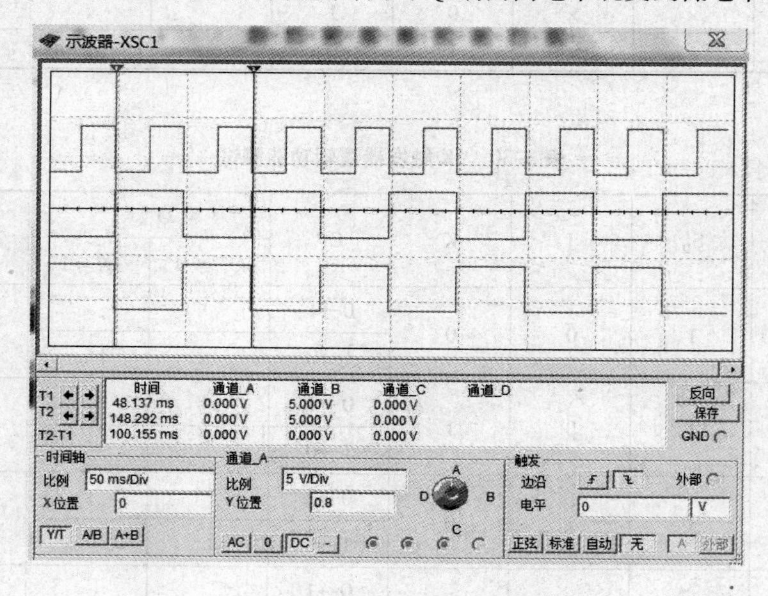

图 3.52　示波器放大面板

到来时,Q 端和 Q′端保持原来的状态不变;触发器处于计数状态,每来一个脉冲下降沿,JK 触发器翻转(计数)一次。

3)D 触发器逻辑功能测试

①按照图 3.53 所示,将 74LS74、拨码开关、排阻、红色指示灯、电源和地线调出,放置在电子平台上,照图 3.53 连接好。

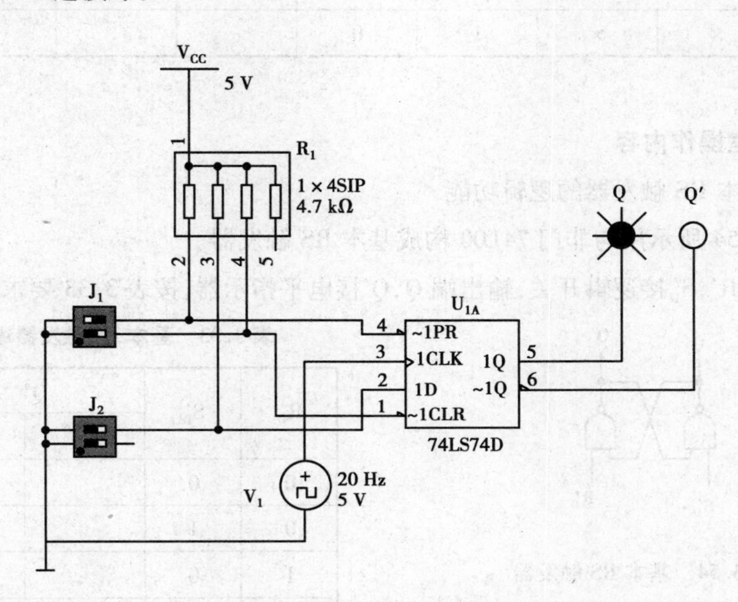

图 3.53 D 触发器逻辑功能测试

②开启仿真开关,根据表 3.31 和表 3.32 设置开关位置,将仿真结果填入表 3.31 和表 3.32中并分析所测结果是否与表 3.28 相符。图 3.53 中 74LS74D 的 1CLR,1PR,1D,1CLK 分别对应表 3.31 和表 3.32 中的 R_D',S_D',J,K,CP。

表 3.31 D 触发器复位、置位功能测试

输入				输出		功能
CP	D	R_D'	S_D'	Q	Q′	
×	×	0	0			
×	×	0	1			
×	×	1	0			

表 3.32　D 触发器逻辑功能测试

输　入				输　出		功　能
CP	D	R_D'	S_D'	Q	Q′	
×	×	0	0			
×	×	0	1			
×	×	1	0			

(5)**实验室操作内容**

1)测试基本 RS 触发器的逻辑功能

①如图 3.54 所示用与非门 74L00 构成基本 RS 触发器。

②输入端 R′,S_D'接逻辑开关,输出端 Q,Q′接电平指示器,按表 3.33 要求测试逻辑功能。

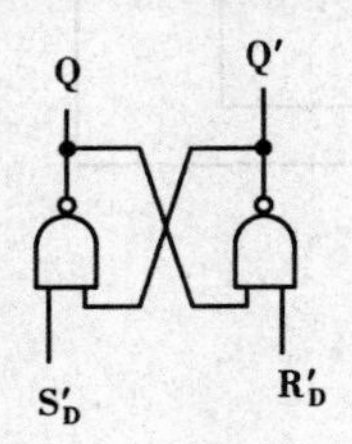

图 3.54　基本 RS 触发器

表 3.33　基本 RS 触发器逻辑功能测试

R_D'	S_D'	Q^{n+1}		功　能
		$Q^{n=0}$	$Q^{n=1}$	
0	0			
0	1			
1	0			
1	1			

2)测试双 JK 触发器 74LS112 逻辑功能

①测试 R_D',S_D'的复位、置位功能

任取一只 JK 触发器,R_D,S_D,J,K 端接逻辑开关,CP 端接单次脉冲源,Q,Q′端接电平指示器,按表 3.34 要求改变 R_D,S_D(J,K,CP 处于任意状态),并在 $R_D = 0(S_D = 1)$或 $S_D = 0(R_D = 1)$作用期间任意改变 J,K,CP 的状态,观察 Q,Q′状态并记录于表 3.34 中。

表 3.34　JK 触发器复位、置位功能测试

输　入					输　出		功　能
CP	J	K	R_D'	S_D'	Q	Q′	
×	×	×	0	0			
×	×	×	0	1			
×	×	×	1	0			

②测试JK触发器的逻辑功能

按表3.35要求改变J,K,CP端状态,观察Q,Q′状态变化,观察触发器状态更新是否发生在CP脉冲的下降沿(即CP由1→0)并记录于表3.35中。

表3.35　JK触发器的逻辑功能测试

R_D'	S_D'	J	K	CP	Q^{n+1}		功　能
					$Q^n=0$	$Q^n=1$	
1	1	0	0	0→1			
				1→0			
1	1	0	1	0→1			
				1→0			
1	1	1	0	0→1			
				1→0			
1	1	1	1	0→1			
				1→0			

3)测试双D触发器74LS74的逻辑功能

①测试R_D',S_D'的复位、置位功能

按表3.36要求改变R_D',S_D'(D,CP处于任意状态),并在$R_D' = 0(S_D' = 1)$或$S_D' = 0(R_D' = 1)$作用期间任意改变D及CP的状态,观察Q,Q′状态并记录于表3.36中。

表3.36　D触发器复位、置位功能测试

输　入				输　出		功能
CP	D	R_D'	S_D'	Q	Q′	
×	×	0	0			
×	×	0	1			
×	×	1	0			

②测试D触发器的逻辑功能

按表3.37要求进行测试,并观察触发器状态的更新是否发生在CP脉冲的上升沿(即由0→1)并记录于表3.37中。

表 3.37　D 触发器逻辑功能测试

R_D'	S_D'	D	CP	Q^{n+1}		功　能
				$Q^n=0$	$Q^n=1$	
1	1	0	0→1			
			1→0			
1	1	1	0→1			
			1→0			

4)将 JK 触发器的 J,K 端连在一起,构成 T 触发器

CP 端接入 1Hz 连续脉冲,用电平指示器观察 Q 端变化情况。

CP 端输入 1kHz 连续脉冲,用双踪示波器观察 CP,Q,Q′的波形,注意相位和时间关系,并描绘。

5)将 D 触发器的 Q′端与 D 端相连接,构成 T′触发器

测试逻辑功能,观察其触发特性。

6)将 JK 触发器转换成 D 触发器

测试逻辑功能,观察其触发特性。

(6)Multisim 10 仿真拓展性实验

用双 D 触发器 74LS74 构成 4 分频器。

①按照图 3.55 所示,将 74LS74、拨码开关、电阻、指示灯、信号源、电源和地线调出,放置在电子平台上,照图 3.55 连接好。D 触发器 D 端与 Q′端连接构成 T′触发器。

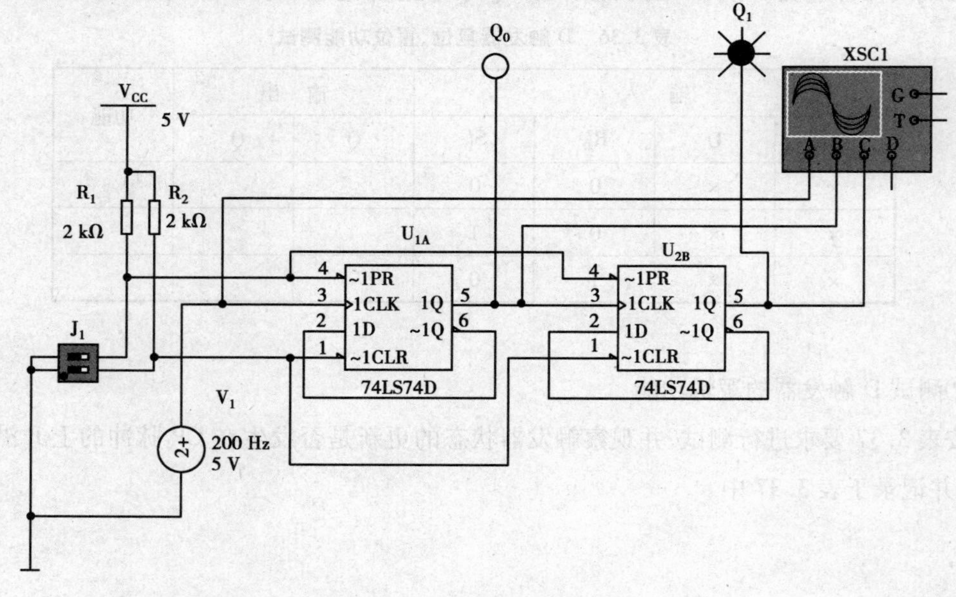

图 3.55　74LS74 构成 4 分频器

②将4踪示波器从仪器工具条中调出，输入通道A接脉冲信号，B接Q_0，C接Q_1。

③开启仿真开关，双击示波器图标，打开示波器放大面板，如图3.56所示。面板中第一行波形是脉冲信号波形，第二行是Q_0端波形，第三行是Q_1端波形。从图3.56中可知，Q_0端波形1个周期等于脉冲信号的2个周期，Q_1端波形1个周期等于脉冲信号的4个周期，因此Q_1端对脉冲信号进行了4分频。

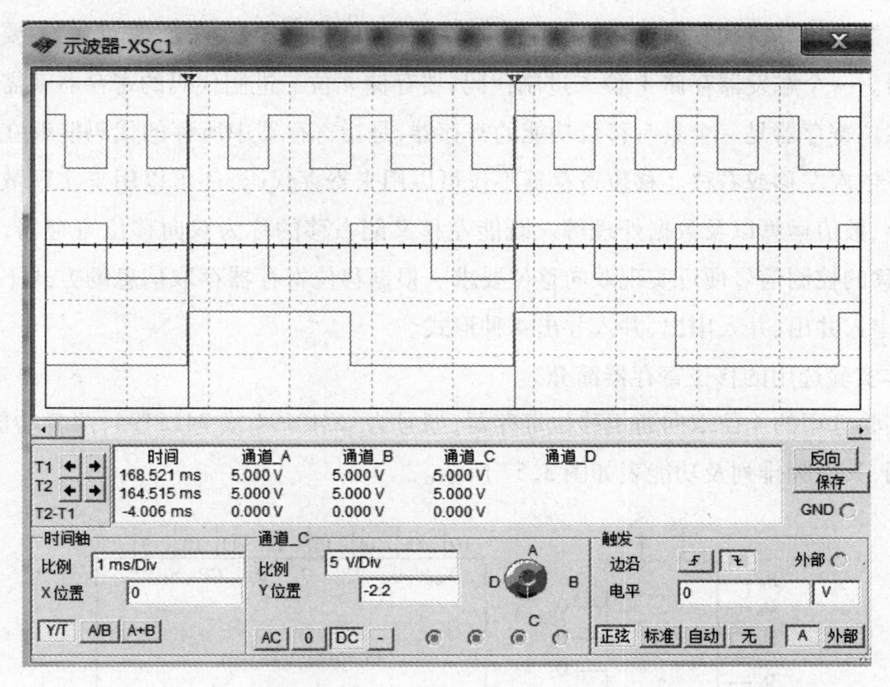

图3.56　示波器放大面板

(7)思考题

①分析各类型触发器的逻辑功能。

②总结JK触发器74LS112和D触发器74LS74的特点。

③JK触发器改成D触发器后其触发特性有无改变？为什么？

3.6　实验6：移位寄存器功能测试及应用

(1)实验目的

①掌握用Multisim 10软件进行移位寄存器仿真实验的方法。

②掌握中规模4位双向移位寄存器逻辑功能及使用方法。

③熟悉移位寄存器的应用——实现数据的串行、并行转换和构成环形计数器。

(2)**实验设备及器件**

①计算机及电路仿真软件 Multisim 10。

②SAC - DMS2 数字电路实验箱。

③集成电路:74LS194 1片。

(3)**实验原理**

寄存器是计算机和其他数字系统中用来储存代码或数据的逻辑部件,它的主要组成部分是触发器。一个触发器存储 1 位二进制代码,要存储 n 位二进制代码的寄存器就需要 n 个触发器。移位寄存器是一个具有移位功能的寄存器,是指寄存器中所存的代码能够在移位脉冲的作用下依次左移或右移。移位寄存器不仅可以用来寄存代码,还可以用来实现数据的串行并行转换、数值运算以及数据处理等。既能左移又能右移的称为双向移位寄存器,只需要改变左、右移的控制信号便可实现双向移位要求。根据移位寄存器存取信息的方式不同分为串入串出、串入并出、并入串出、并入并出 4 种形式。

1)本实验选用的移位寄存器简介

本实验选用的 4 位双向通用移位寄存器,型号为 CC40194 或 74LS194,两者功能相同,可互换使用,其引脚排列及功能表如图 3.57 所示。

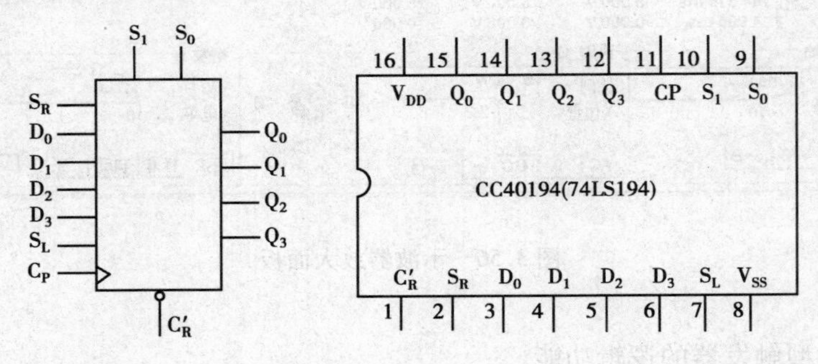

图 3.57 74LS194 引脚排列及功能表

74LS194 引脚排列说明如下:

D_0,D_1,D_2,D_3 为并行输入端;Q_0,Q_1,Q_2,Q_3 为并行输出端;S_R为右移串行输入端,S_L为左移串行输入端;S_1,S_0为操作模式控制端;C'_R为直接无条件清零端;CP 为时钟脉冲输入端。

74LS194 有 5 种不同操作模式:并行送数寄存,右移(方向由 $Q_0 \to Q_3$),左移(方向由 $Q_3 \to Q_0$),保持,清零。

S_1,S_0 和C'_R端的控制作用见表 3.38。

表3.38　74LS/94 功能表

功能	输入										输出			
	CP	C'_R	S_1	S_0	S_R	S_L	D_0	D_1	D_2	D_3	Q_0	Q_1	Q_2	Q_3
清零	×	0	×	×	×	×	×	×	×	×	0	0	0	0
送数	↑	1	1	1	×	×	a	b	c	d	a	b	c	d
右移	↑	1	0	1	D_{SR}	×	×	×	×	×	D_{SR}	Q_0	Q_1	Q_2
左移	↑	1	1	0	×	D_{SL}	×	×	×	×	Q_1	Q_2	Q_3	D_{SL}
保持	↑	1	0	0	×	×	×	×	×	×	Q_0^n	Q_1^n	Q_2^n	Q_3^n
保持	↓	1	×	×	×	×	×	×	×	×	Q_0^n	Q_1^n	Q_2^n	Q_3^n

2)移位寄存器的应用

移位寄存器应用很广,可构成移位寄存器型计数器;顺序脉冲发生器;串行累加器;可用作数据转换,即把串行数据转换为并行数据,或把并行数据转换为串行数据,等等。本实验研究移位寄存器用作环形计数器和数据的串、并行转换。

①环形计数器

把移位寄存器的输出反馈到它的串行输入端,就可以进行循环移位,如图 3.58 所示,把输出端 Q_3 和右移串行输入端 S_R 相连接,设初始状态 $Q_0Q_1Q_2Q_3=1000$,则在时钟脉冲作用下 $Q_0Q_1Q_2Q_3$ 将依次变为 0100→0010→0001→1000→…,见表 3.39,由此可知,它是一个具有 4 个有效状态的计数器,这种类型的计数器通常称为环形计数器。图 3.58 电路可由各个输出端输出在时间上有先后顺序的脉冲,因此也可作为顺序脉冲发生器。

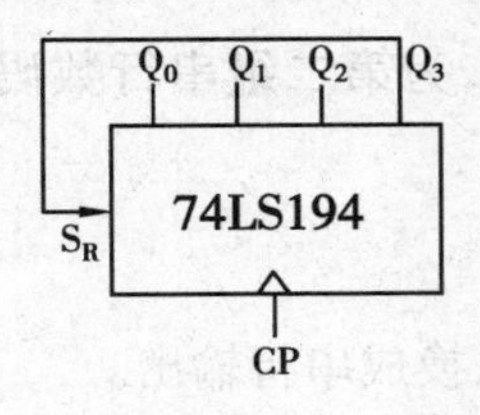

图 3.58　环形计数器

表 3.39　环形计数器状态表

CP	Q_0	Q_1	Q_2	Q_3
0	1	0	0	0
1	0	1	0	0
2	0	0	1	0
3	0	0	0	1

如果将输出 Q_O 与左移串行输入端 S_L 相连接,即可进行左移循环移位。

②实现数据串、并行转换

通常信息在线路上的传递是串行传送,而终端的输入或输出往往是并行的,因而需对信号进行串-并行转换或并-串行转换。

A. 串行/并行转换器

串行/并行转换是指串行输入的数码,经转换电路之后变换成并行输出。

如图3.59所示为用两片74LS1944位双向移位寄存器组成的7位串/并行数据转换电路。电路中S_0端接高电平1,S_1受Q_7控制,两片寄存器连接成串行输入右移工作模式。Q_7是转换结束标志。当$Q_7=1$时,S_1为0,使之成为$S_1S_0=01$的串入右移工作方式,当$Q_7=0$时,$S_1=1$,有$S_1S_0=11$,则串行送数结束,标志着串行输入的数据已转换成并行输出了。

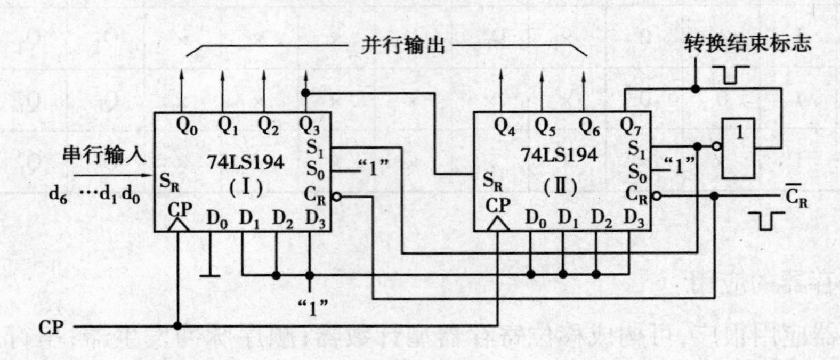

图3.59　7位串行/并行转换器

串行/并行转换的具体过程如下:

转换前,C_R'端加低电平,使Ⅰ、Ⅱ这两片寄存器的内容清零,此时$S_1S_0=11$,寄存器执行并行输入工作方式。当第一个CP脉冲到来后,寄存器的输出状态Q_0—Q_7为01111111,与此同时S_1S_0变为01,转换电路变为执行串入右移工作方式,串行输入数据由Ⅰ片寄存器的S_R端加入。随着CP脉冲的依次加入,输出状态的变化见表3.40。

由表3.40可知,右移操作7次之后,Q_7变为0,S_1S_0又变为11,说明串行输入结束。这时串行输入的数码已经转换成并行输出了。

当再来一个CP脉冲时,电路又重新执行一次并行输入,为第二组串行数码转换作好了准备。

B. 并行/串行转换器

并行/串行转换器是指并行输入的数码经转换电路之后,换成串行输出。

表3.40　串行/并行转换状态表

CP	Q_0	Q_1	Q_2	Q_3	Q_4	Q_5	Q_6	Q_7	说明
0	0	0	0	0	0	0	0	0	清零
1	0	1	1	1	1	1	1	1	送数

续表

CP	Q_0	Q_1	Q_2	Q_3	Q_4	Q_5	Q_6	Q_7	说明
2	d_0	0	1	1	1	1	1	1	右移操作7次
3	d_1	d_0	0	1	1	1	1	1	
4	d_2	d_1	d_0	0	1	1	1	1	
5	d_3	d_2	d_1	d_0	0	1	1	1	
6	d_4	d_3	d_2	d_1	d_0	0	1	1	
7	d_5	d_4	d_3	d_2	d_1	d_0	0	1	
8	d_6	d_5	d_4	d_3	d_2	d_1	d_0	0	
9	0	1	1	1	1	1	1	1	送数

如图 3.60 所示是用两片 74LS194(CC40194)组成的 7 位并行/串行转换电路,它比图 3.59多了 2 只与非门 G_1 和 G_2,电路工作方式同样为右移。

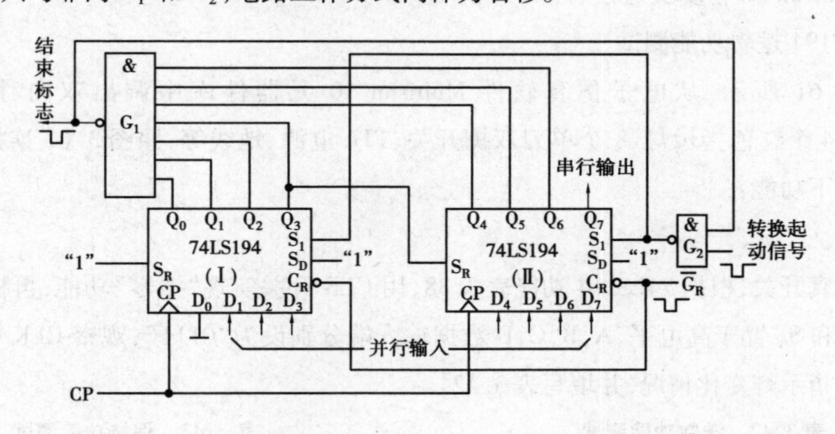

图 3.60　7 位并行 / 串行转换器

寄存器清“0”后,加一个转换启动信号(负脉冲或低电平)。此时,由于方式控制 S_1S_0 为 11,转换电路执行并行输入操作。当第一个 CP 脉冲到来后,$Q_0Q_1Q_2Q_3Q_4Q_5Q_6Q_7$ 的状态为 $0D_1D_2D_3D_4D_5D_6D_7$,并行输入数码存入寄存器。从而使得 G_1 输出为 1,G_2 输出为 0,结果,S_1S_2 变为 01,转换电路随着 CP 脉冲的加入,开始执行右移串行输出,随着 CP 脉冲的依次加入,输出状态依次右移,待右移操作 7 次后,Q_0—Q_6 的状态都为高电平 1,与非门 G_1 输出为低电平,G_2 门输出为高电平,S_1S_2 又变为 11,表示并/串行转换结束,且为第二次并行输入创造了条件。转换过程见表 3.41。

表 3.41　并行/串行转换状态表

CP	Q_0	Q_1	Q_2	Q_3	Q_4	Q_5	Q_6	Q_7	说明
1	0	d_1	d_2	d_3	d_4	d_5	d_6	d_7	置数
2	1	0	d_1	d_2	d_3	d_4	d_5	d_6	右移操作7次
3	1	1	0	d_1	d_2	d_3	d_4	d_5	
4	1	1	1	0	d_1	d_2	d_3	d_4	
5	1	1	1	1	0	d_1	d_2	d_3	
6	1	1	1	1	1	0	d_1	d_2	
7	1	1	1	1	1	1	0	d_1	
8	1	1	1	1	1	1	1	0	
9	0	d_1	d_2	d_3	d_4	d_5	d_6	d_7	置数

(4)Multisim 10 仿真实验预习

1)74LS194 逻辑功能测试

按图 3. 61 所示，从电子仿真软件 Multisim 10 元器件库中调出双向移位寄存器 74LS194N、4 个红色指示灯、8 个单刀双掷开关、TTL 电源、地线等，照图 3. 61 连接成仿真电路。验证以下功能：

①送数

开启仿真开关，根据 74LS194 功能表 3. 38，用 CLR 开关实现“清零”功能；再根据“送数”功能，将 S_1 和 S_0 置于高电平，A，B，C，D 数据输入端分别设为“0111”，观察 CLK 端加单次脉冲时输出端指示灯变化情况，并填写表 3. 42。

表 3.42　送数功能测试

脉　冲	Q_A	Q_B	Q_C	Q_D
未加脉冲				
加单脉冲				

表 3.43　保持功能测试

脉　冲	Q_A	Q_B	Q_C	Q_D
未加脉冲				
加单脉冲				

②保持。

根据 74LS194 功能表 3. 38“保持”功能，观察单次脉冲作用时输出端指示灯变化情况，并填入表 3. 43 中。

③右移

开启仿真开关，将 S_1 和 S_0 置于“01”状态，根据表 3. 44 将 S_R 输入端按脉冲顺序依次输入

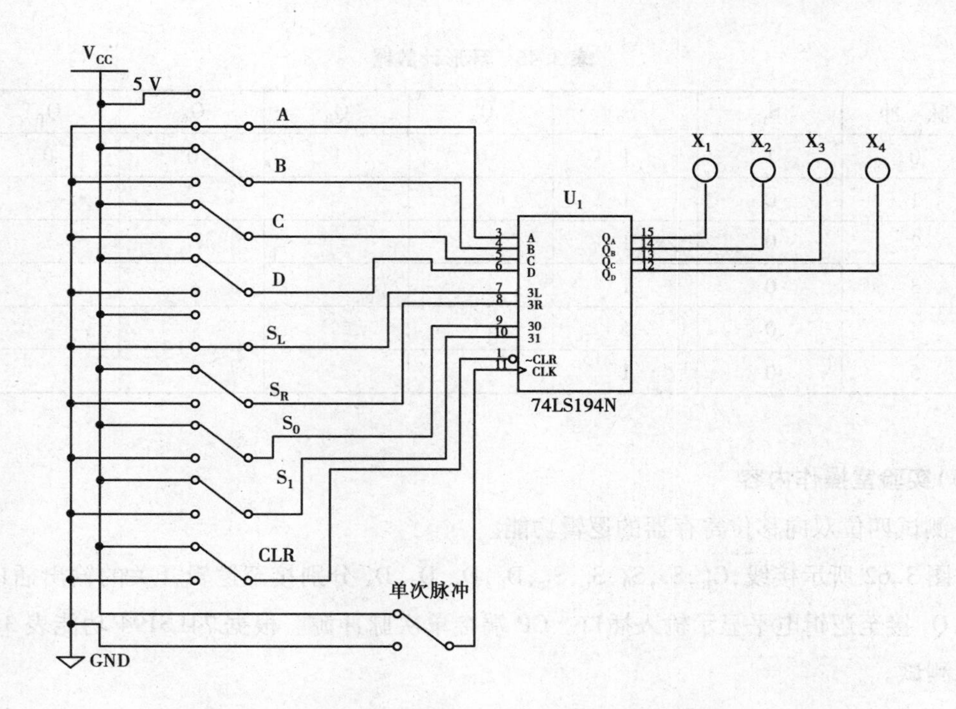

图3.61 双向移位寄存器74LS194逻辑功能测试

"1000",每设置一个数,按一次单脉冲,观察CP脉冲作用时输出端指示灯的变化情况,填入表3.44中。

表3.44 右移功能测试

脉 冲	S_1	S_0	S_R	Q_A	Q_B	Q_C	Q_D
0	0	1	0				
1	0	1	1				
2	0	1	0				
3	0	1	0				
4	0	1	0				

表3.45 左移功能测试

脉 冲	S_1	S_0	S_L	Q_A	Q_B	Q_C	Q_D
0	1	0	0				
1	1	0	1				
2	1	0	0				
3	1	0	0				
4	1	0	0				

④左移

开启仿真开关,将 S_1 和 S_0 置于"10"状态,根据表3.45将 S_L 输入端按脉冲顺序依次输入"1000",每设置一个数,按一次单脉冲,观察CP脉冲作用时输出端指示灯的变化情况,填入表3.45中。

2)环形计数器

将图3.61中 S_R 输入端与 Q_D 相连。开启仿真开关,先将 S_1 和 S_0 设置成"送数"功能,给 Q_A—Q_D 送数"0100",然后再将 S_1 和 S_0 设置成"右移"功能,观察当CP脉冲作用时输出端指示灯的变化情况,并填写表3.46。

表 3.46　环形计数器

脉　冲	S_1	S_0	Q_A	Q_B	Q_C	Q_D
0	1	1	0	1	0	0
1	0	1				
2	0	1				
3	0	1				
4	0	1				
5	0	1				

(5)实验室操作内容

1)测试四位双向移位寄存器的逻辑功能

按图 3.62 所示接线,C'_R,S_1,S_0,S_L,S_R,D_0,D_1,D_2,D_3 分别接至逻辑开关的输出插口;Q_0,Q_1,Q_2,Q_3 接至逻辑电平显示输入插口。CP 端接单次脉冲源。根据 74LS194 功能表 3.38 进行功能测试。

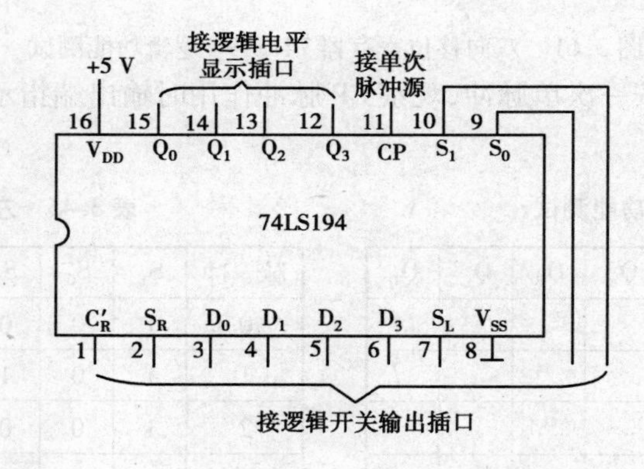

图 3.62　CC40194 逻辑功能测试

①清零:令$C'_R=0$,其他输入均为任意状态,这时寄存器输出 Q_0,Q_1,Q_2,Q_3 应均为 0。

②送数:令$C'_R=S_1=S_0=1$,送入任意四位二进制数,如 $D_0D_1D_2D_3=0111$,加 CP 脉冲,观察 CP=0 、CP 由 0→1、CP 由 1→0 这 3 种情况下寄存器输出状态的变化,观察寄存器输出状态变化是否发生在 CP 脉冲的上升沿,并将观察结果填入表 3.47 中。

表 3.47　送数功能测试

脉　冲	Q_A	Q_B	Q_C	Q_D
CP=0				
0→1				
1→0				

表 3.48　保持功能测试

脉　冲	Q_A	Q_B	Q_C	Q_D
CP=0				
0→1				
1→0				

③保持：寄存器预置任意四位二进制数码如 $D_0D_1D_2D_3=0011$，令 $C'_R=1$，$S_1=S_0=0$，加 CP 脉冲，观察寄存器输出状态，将结果填入表 3.48 中。

表 3.49 右移功能测试

脉 冲	S_1	S_0	S_R	Q_A	Q_B	Q_C	Q_D
0	0	1	0				
1	0	1	1				
2	0	1	0				
3	0	1	0				
4	0	1	0				

表 3.50 左移功能测试

脉 冲	S_1	S_0	S_L	Q_A	Q_B	Q_C	Q_D
0	1	0	0				
1	1	0	1				
2	1	0	0				
3	1	0	0				
4	1	0	0				

④左移：先清零或预置，再令 $C'_R=1$，$S_1=1$，$S_0=0$，由左移输入端 S_L 送入二进制数码如 0100，连续加 4 个 CP 脉冲，观察输出端情况，并将结果填入表 3.50 中。

⑤右移：清零后，令 $C'_R=1$，$S_1=0$，$S_0=1$，由右移输入端 S_R 送入二进制数码如 0100，由 CP 端连续加 4 个脉冲，观察输出情况，并将观察结果填入表 49 中。

2）环形计数器

自拟实验线路用并行送数法预置寄存器为某二进制数码（如 0100），然后进行右移循环，观察寄存器输出端状态的变化，记入表 3.51 中。

表 3.51 环形计数器

脉 冲	S_1	S_0	Q_A	Q_B	Q_C	Q_D
0	1	1	0	1	0	0
1	0	1				
2	0	1				
3	0	1				
4	0	1				
5	0	1				

（6）Multisim 10 **仿真拓展性实验**

实现数据的串、并行转换。

1）串行输入、并行输出

按图 3.59 接线，进行右移串入、并出实验，串入数码自定；改接线路用左移方式实现并行输出。自拟表格并记录。

2)并行输入、串行输出

按图 3.60 接线,进行右移并入、串出实验,并入数码自定。再改接线路用左移方式实现串行输出。自拟表格并记录。

(7)实验注意事项

①注意移位寄存器模式控制端的状态。

②使用移位寄存器的时候注意左移和右移的连接方式。

(8)思考题

①总结 74LS194 逻辑功能。

②使寄存器清零,除采用C_R'输入低电平外,可否采用右移或左移的方法?可否使用并行送数法?若可行,如何进行操作?

3.7 实验 7:计数器逻辑功能测试及应用

(1)实验目的

①学习用 Multisim 10 软件进行计数器的仿真实验。

②熟悉中规模集成电路计数器 74LS161 和 74LS90 的逻辑功能、使用方法及应用。

③掌握构成任意进制计数器的方法。

(2)实验设备及器件

①计算机及电路仿真软件 Multisim 10。

②SAC-DMS2 数字电路实验箱。

③集成电路:74LS161,74LS90,74LS00 各 1 片。

(3)实验原理

计数器是一个用以实现计数功能的时序部件,它不仅可用来计脉冲数,还常用作数字系统的定时、分频和执行数字运算以及其他特定的逻辑功能。

计数器种类很多。按构成计数器中的各触发器是否使用一个时钟脉冲源,可分为同步计数器和异步计数器;根据计数制的不同,可分为二进制计数器、十进制计数器和任意进制计数器;根据计数的增减趋势,可分为加法、减法和可逆计数器;还有可预置数和可编程序功能计数器,等等。目前,无论是 TTL 还是 CMOS 集成电路,都有品种较齐全的中规模集成计数器。使用者只要借助于器件手册提供的功能表和工作波形图以及引出端的排列,就能正确地运用这些器件。

利用中规模集成计数器构成任意进制计数器的方法,归纳起来有级联法、清零法和置数法。

假定已有的集成计数器是 N 进制计数器，而需要得到的是 M 进制计数器，则有 $M>N$ 和 $M<N$ 两种可能的情况。

①级联法。适用于 $M>N$ 当计数值超过计数器计数范围后，需要用2片以上的计数器连接完成任意进制计数器，这时要采用级联法。其中，有乘数级联和进位级联。

乘数级联：若 M 可以分解成两个小于 N 的因数相乘，即 $M=N_1\times N_2$，将两个计数器串接起来，即计数脉冲接到 N_1 进制计数器的时钟输入端，N_1 进制计数器的输出接到 N_2 进制计数器的时钟输入端，则两个计数器一起构成了 $N_1\times N_2=M$ 进制计数器。74*LS*90 就是典型例子，二进制和五进制计数器构成 $2\times5=10$ 进制计数器。

进位级联适用于有进位端的计数器。将低位片的进位端与高位片的使能端相连，低位片始终处于计数状态，它的进位输出信号作为高位片的计数控制信号，使之处于计数或保持状态。

②清零法。又称复位法应用于 $M<N$ 的情况，适用于有清零端的计数器。将计数器的输出状态反馈到计数器的清零端，使计数器由此状态返回到0，再重新开始计数，从而实现 M 进制计数。清零信号的选择与芯片的清零方式有关。若芯片为异步清零方式，可使芯片瞬间清零，其有效循环状态数与反馈状态相等；若是为同步清零方式，则必须等到下一个CP脉冲到来时清零，其有效循环状态数与反馈状态加1相等。

③置数法。又称置位法，即对计数器进行预置数，应用于 $M<N$ 的情况，适用于有置数端的计数器。将计数器的输出状态反馈到计数器的置数端，使计数器由预置数开始重新计数，从而实现 M 进制计数。置数信号的选择与芯片的置数方式有关。若芯片为异步置数方式，可使芯片瞬间置数；若芯片为同步置数方式，芯片需要在CP脉冲到来时置数。

1）中规模同步二进制计数器74LS161和中规模同步十进制计数器74LS160

74LS161（74LS160与74LS161引脚排列相同）引脚排列如图3.63所示，功能表见表3.52。

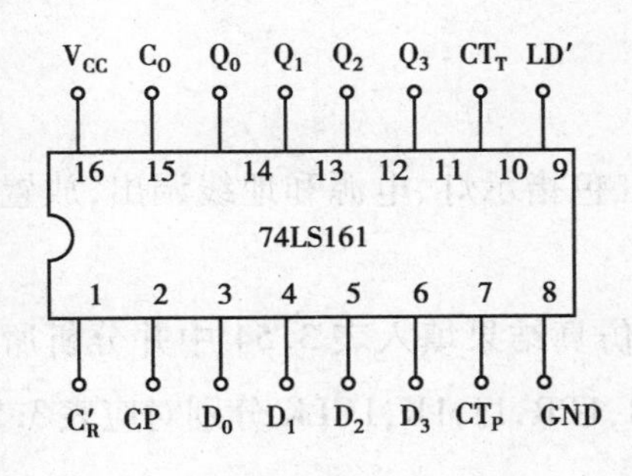

图3.63　74LS161引脚排列

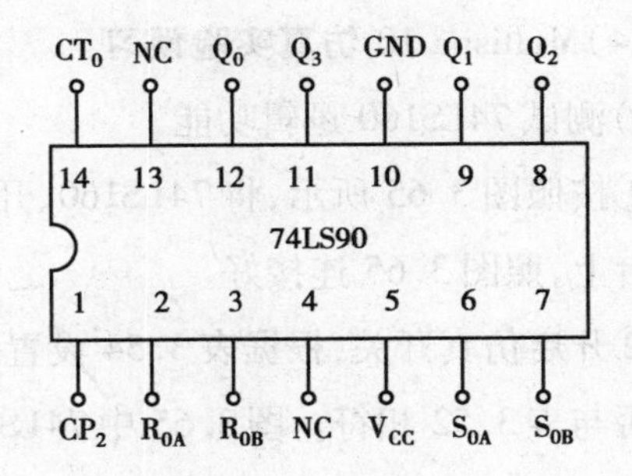

图3.64　74LS90引脚排列

表 3.52　74LS161 功能表

清零	置数	使能		时钟	预置数据输入				输出				工作模式
C_R'	LD'	CT_T	CT_P	CP	D_0	D_1	D_2	D_3	Q_0	Q_1	Q_2	Q_3	
0	×	×	×	×	×	×	×	×	0	0	0	0	异步清零
1	0	×	×	↑	d_0	d_1	d_2	d_3	d_0	d_1	d_2	d_3	同步置数
1	1	1	1	↑	×	×	×	×	计数				加法计数
1	1	×	0	×	×	×	×	×	保持				数据保持
1	1	0	×	×	×	×	×	×	保持(C=0)				数据保持

2）中规模异步集成计数器 74LS90

集成计数器 74LS90 是二-五-十进制计数器。其引脚排列如图 3.64 所示，功能表见表 3.53。

表 3.53　74LS90 功能表

清零		置 9		时钟		输出				功能
R_{0A}	R_{0B}	S_{0A}	S_{0B}	CP_0	CP_1	Q_0	Q_1	Q_2	Q_3	
1	1	0 ×	× 0	×	×	0	0	0	0	清零
0 ×	× 0	1	1	×	×	1	0	0	1	置 9
0 ×	× 0	0 ×	× 0	↓	×	Q_0 输出				二进制计数
				×	↓	$Q_1Q_2Q_3$ 输出				五进制计数
				↓	Q_0	$Q_0Q_1Q_2Q_3$ 输出				8421 码十进制计数
				Q_3	↓	$Q_0Q_1Q_2Q_3$ 输出				5421 码十进制计数
				1	1	不变				保持

（4）Multisim 10 **仿真实验预习**

1）测试 74LS160 逻辑功能

①按照图 3.65 所示，将 74LS160、开关、信号源、红色指示灯、电源和地线调出，放置在电子平台上，照图 3.65 连接好。

②开启仿真开关，根据表 3.54 设置开关位置，将仿真结果填入表 3.54 中并分析所测结果是否与表 3.52 相符。图 3.65 中 74LS160D 的 1CLR，1PR，1J，1K，1CLK 分别对应表 3.54 中的 C_R'，LD'，CT_T，CT_D，CP。

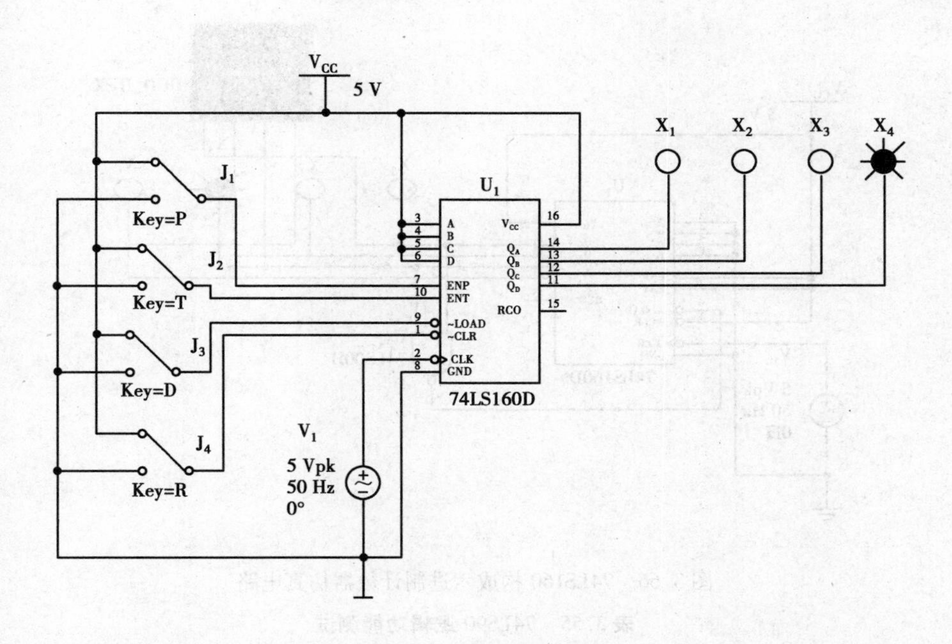

图 3.65　74LS160 逻辑功能测试仿真电路

表 3.54　74LS160 逻辑功能测试

清 零	置 数	使 能		时 钟	预置数据输入				输 出				功 能
C_R'	LD'	CT_T	CT_P	CP	D_0	D_1	D_2	D_3	Q_0	Q_1	Q_2	Q_3	
0	×	×	×	×	×	×	×	×					
1	0	×	×	↑	d_0	d_1	d_2	d_3					
1	1	1	1	↑	×	×	×	×					
1	1	×	0	×	×	×	×	×					
1	1	0	×	×	×	×	×	×					

2)用置数法将 74LS160 构成一个六进制计数器

如图 3.66 所示,用数码管显示数字。

3)测试 74LS90 逻辑功能

①按照图 3.67 所示,将 74LS90、开关、红色指示灯、电源和地线调出,放置在电子平台上,照图 3.67 连接好。

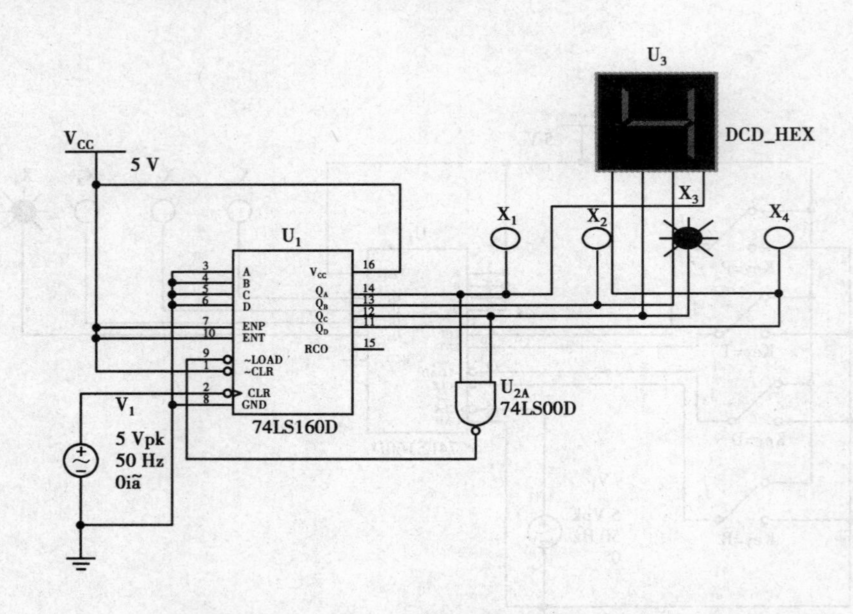

图 3.66　74LS160 构成六进制计数器仿真电路

表 3.55　74LS90 逻辑功能测试

清零		置 9		时钟		输出				功能
R_{0A}	R_{0B}	S_{0A}	S_{0B}	CP_0	CP_1	Q_0	Q_1	Q_2	Q_3	
1	1	0	×	×	×					
		×	0							
0	×	1	1	×	×					
×	0									
				↓	×					
				×	↓					
0	×	1	×	↓	Q_0					
×	0	×	0	Q_3	↓					
				1	1					

②开启仿真开关，根据表 3.55 设置开关位置，将仿真结果填入表 3.55 中，并分析所测结果是否与表 3.53 相符。图 3.67 中 74LS90D 的 R_{01}，R_{02}，R_{91}，R_{92}，IN_A，IN_B 分别对应表 3.55 中的 R_{0A}，R_{0B}，S 0A，S_{0B}，CP_0，CP_1。

(5)实验室操作内容

1)用清零法将 74LS161 构成一个十进制计数器，并用数码管显示数字

参考图 3.68 所示搭接电路，其状态转换图如图 3.69 所示。

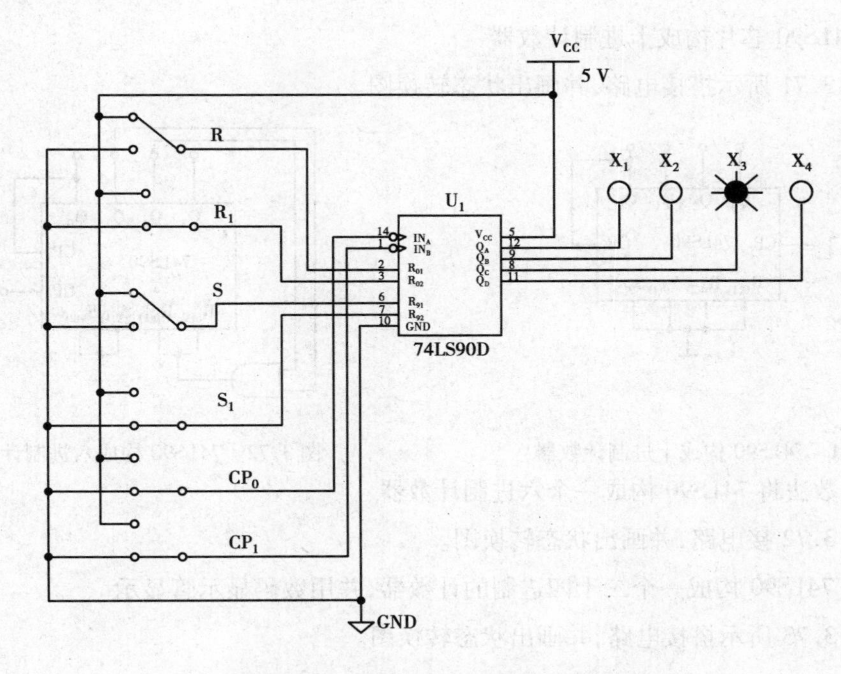

图3.67　74LS90逻辑功能测试仿真电路

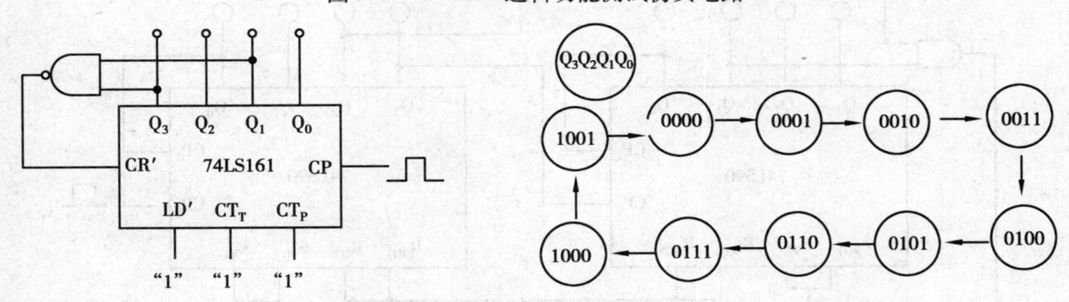

图3.68　74LS161构成十进制计数器　　　　图3.69　十进制计数器状态转换图

2)用74LS161芯片构成七进制计数器(采用置数法),并用数码显示数字

参考图3.70所示搭接电路,并画出状态转换图。

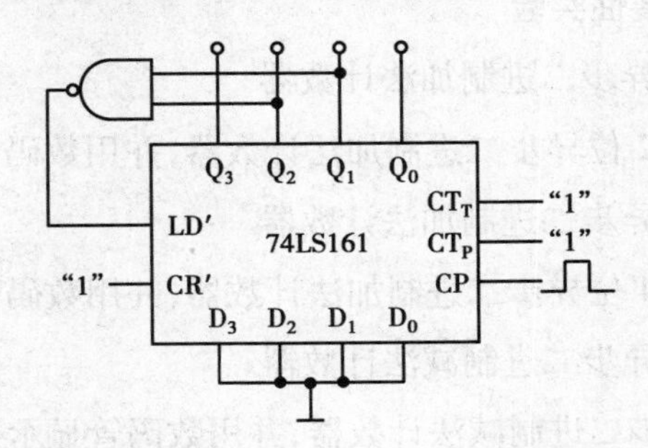

图3.70　用74LS161芯片构成七进制计数器

3)用74LS90芯片构成十进制计数器

参考图3.71所示搭接电路,并画出状态转换图。

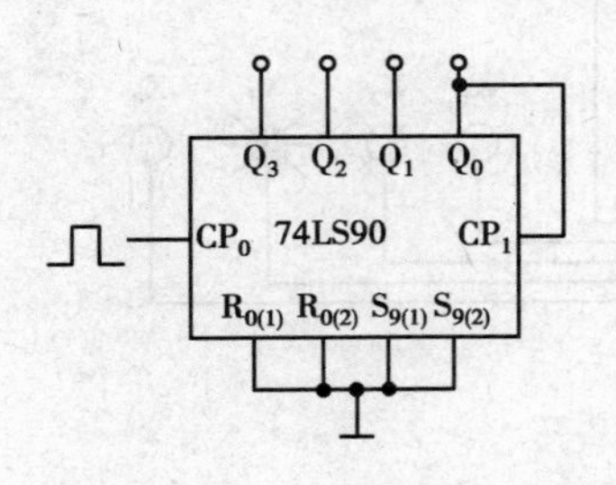

图3.71 74LS90构成十进制计数器

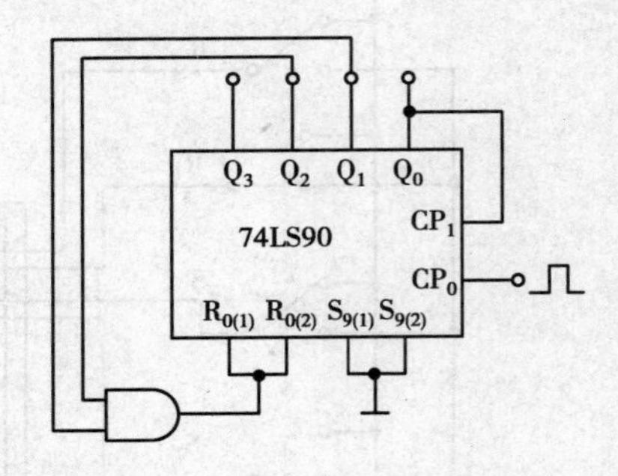

图3.72 74LS90构成六进制计数器

4)用置数法将74LS90构成一个六进制计数器

参考图3.72接电路,并画出状态转换图。

5)利用74LS90构成一个二十四进制的计数器,并用数码显示管显示

参考图3.73所示搭接电路,并画出状态转换图。

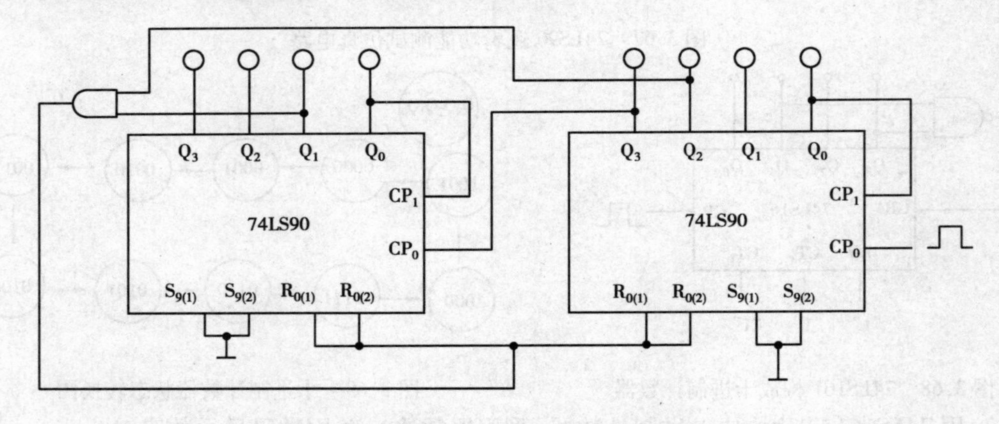

图3.73 74LS90构成二十四进制计数器

(6)Multisim10 **仿真拓展性实验**

1)用74LS74构成2位异步二进制加法计数器

按照图3.74所示设计2位异步二进制加法计数器,并用数码管显示数字。

2)用74LS74构成4位异步二进制加法计数器

依照图3.74自行设计4位异步二进制加法计数器,并用数码管显示数字。

3)用74LS74构成4位异步二进制减法计数器

将图3.74改成4位异步二进制减法计数器,并用数码管显示数字。

提示:异步计数器不论加法计数器还是减法计数器都是将低位触发器的一个输出端连在高位触发器的CP上,如果加法计数器是用Q端输出,减法计数器则用Q′端输出。

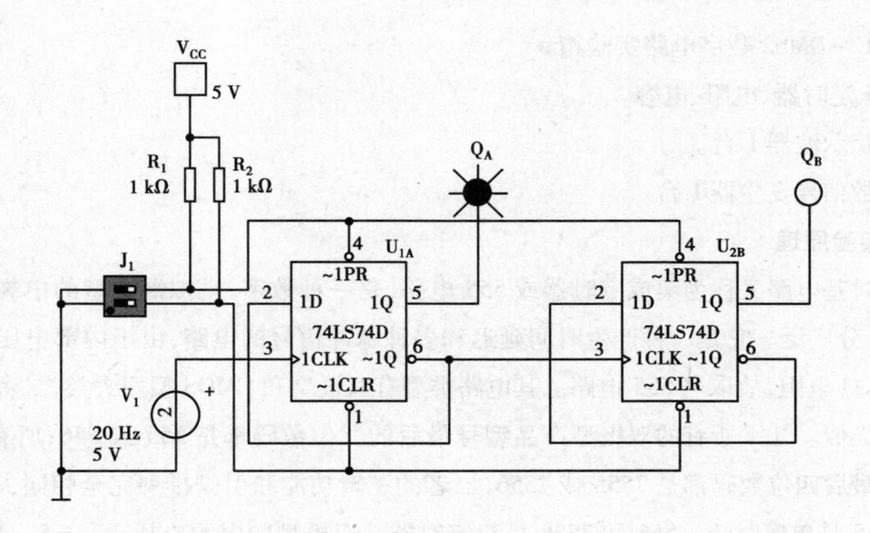

图 3.74　用 74LS74 构成二位二进制加法计数器

4)用级联法构成六十进制计数器

由 2 片 74LS160 用级联法构成六十进制计数器,自拟电路图,用 Multisim 10 仿真。

(7)**实验注意事项**

①注意集成块功能端有效的状态。

②实现其他进制计数器的时候注意中断状态和反馈线的处理。

(8)**思考题**

①计数器的同步置零方式和异步置零方式有什么不同?同步预置数方式和异步预置数方式有什么不同?

②在用十六进制计数器 74LS161 接成小于十六进制的计数器时,怎样使其原有的进位输出端产生进位输出信号?

3.8　实验 8:555 定时器

(1)**实验目的**

①熟悉 555 定时器的工作原理。

②熟悉 555 定时器的典型应用。

③学习用 Multisim 10 软件进行 555 定时器的仿真实验。

④了解定时元件对输出信号周期及脉冲宽度的影响。

(2)**实验设备及器件**

①计算机及电路仿真软件 Multisim 10。

②SAC－DMS2 数字电路实验箱。

③555 定时器、电阻、电容。

④双踪示波器 1 台。

⑤函数信号发生器 1 台。

(3) **实验原理**

集成时基电路又称为集成定时器或 555 电路，是一种数字、模拟混合型的中规模集成电路，应用十分广泛。它是一种产生时间延迟和多种脉冲信号的电路，由于内部电压标准使用了 3 个 5 kΩ 电阻，故取名 555 电路。其电路类型有双极型和 CMOS 型两大类，二者的结构与工作原理类似。几乎所有的双极型产品型号最后的三位数码都是 555 或 556；所有的 CMOS 产品型号最后四位数码都是 7555 或 7556，二者的逻辑功能和引脚排列完全相同，易于互换。555 和 7555 是单定时器。556 和 7556 是双定时器。双极型的电源电压 $V_{CC}=5\sim15$ V，输出的最大电流可达 200 mA，CMOS 型的电源电压为 3～18 V。

1) 555 电路的工作原理

555 电路的内部电路方框图如图 3.75 所示。它含有两个电压比较器，一个基本 RS 触发器，一个放电开关管 T，比较器的参考电压由 3 只 5 kΩ 的电阻器构成的分压器提供。它们分别使高电平比较器 C_1 的同相输入端和低电平比较器 C_2 的反相输入端的参考电平为 $\frac{2}{3}V_{CC}$ 和 $\frac{1}{3}V_{CC}$。C_1 与 C_2 的输出端控制 RS 触发器状态和放电管开关状态。当输入信号自 6 脚，即高

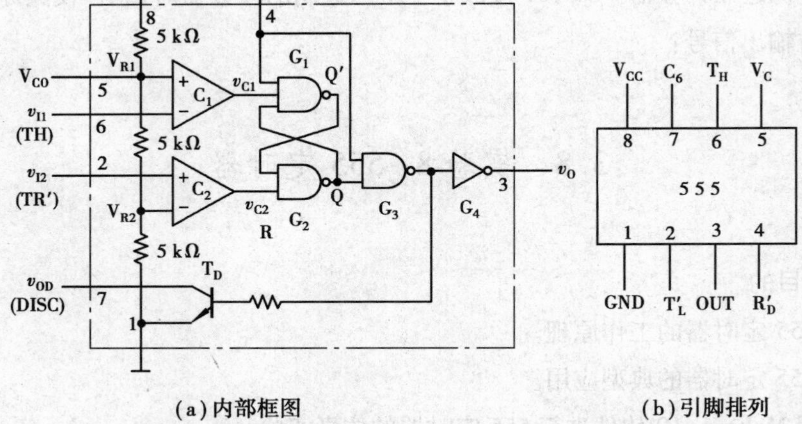

(a) 内部框图　　(b) 引脚排列

图 3.75　555 定时器内部框图及引脚排列

电平触发输入并超过参考电平$\frac{2}{3}V_{CC}$时，触发器复位，555 的输出端 3 脚输出低电平，同时放电

开关管导通；当输入信号自2脚输入并低于$\frac{1}{3}V_{CC}$时，触发器置位，555的3脚输出高电平，同时放电开关管截止。

555定时器功能见表3.56。

表3.56

输　入			输　出	
T_H	T_R	R'_D	OUT	T
×	×	0	0	导通
×	<1/3 V_{CC}	1	1	截止
>2/3V_{CC}	>1/3 V_{CC}	1	0	导通
<2/3V_{CC}	>1/3 V_{CC}	1	不变	不变

R'_D：复位端(4脚)，当$R'_D=0$，555输出低电平。平时R'_D端开路或接V_{CC}。

V_C：控制电压端(5脚)，平时输出2/3V_{CC}作为比较器A_1的参考电平，当5脚外接一个输入电压，即改变了比较器的参考电平，从而实现对输出的另一种控制，在不接外加电压时，通常接一个0.01 μF的电容器到地，起滤波作用，以消除外来的干扰，确保参考电平的稳定。

T：放电管，当T导通时，将给接于脚7的电容器提供低阻放电通路。

555定时器主要是与电阻、电容构成充放电电路，并由两个比较器来检测电容器上的电压，以确定输出电平的高低和放电开关管的通断。这就很方便地构成从微秒到数十分钟的延时电路，可方便地构成单稳态触发器、多谐振荡器、施密特触发器等脉冲产生或波形变换电路。

2)555定时器的典型应用

①单稳态触发器

单稳态触发器在外来脉冲作用下，能够输出一定幅度与宽度的脉冲，输出脉冲的宽度就是暂稳态的持续时间t_w。

②施密特触发器

施密特触发器也有两个稳定状态，但与一般触发器不同的是施密特触发器采用电位触发方式，其状态由输入信号电位维持；施密特触发器有两个阈值电压，可以把边沿变化缓慢的周期性信号变换为边沿很陡的矩形脉冲信号。

③多谐振荡器

与单稳态触发器相比，多谐振荡器没有稳定状态，只有两个暂稳态，而且无须用外来触发脉冲触发，电路能自动交替翻转，使两个暂稳态轮流出现，输出矩形脉冲。

(4) Multisim 10 **仿真实验预习**

1) 测量 555 定时器逻辑功能

①按照图 3.76 所示，将 3554AM、74LS10D、74LS00D、74LS04D、开关、指示灯、电压表、电源和地线调出，放置在电子平台上，照图 3.76 连接好。

②开启仿真开关，根据表 3.57 设置开关位置，将仿真结果填入表 3.57 中，并分析所测结果是否与表 3.56 相符。图 3.57 中线框边的 6 脚、2 脚、4 脚、3 脚、7 脚分别对应表中的 T_H，T_R，R'_D，OUT，T。

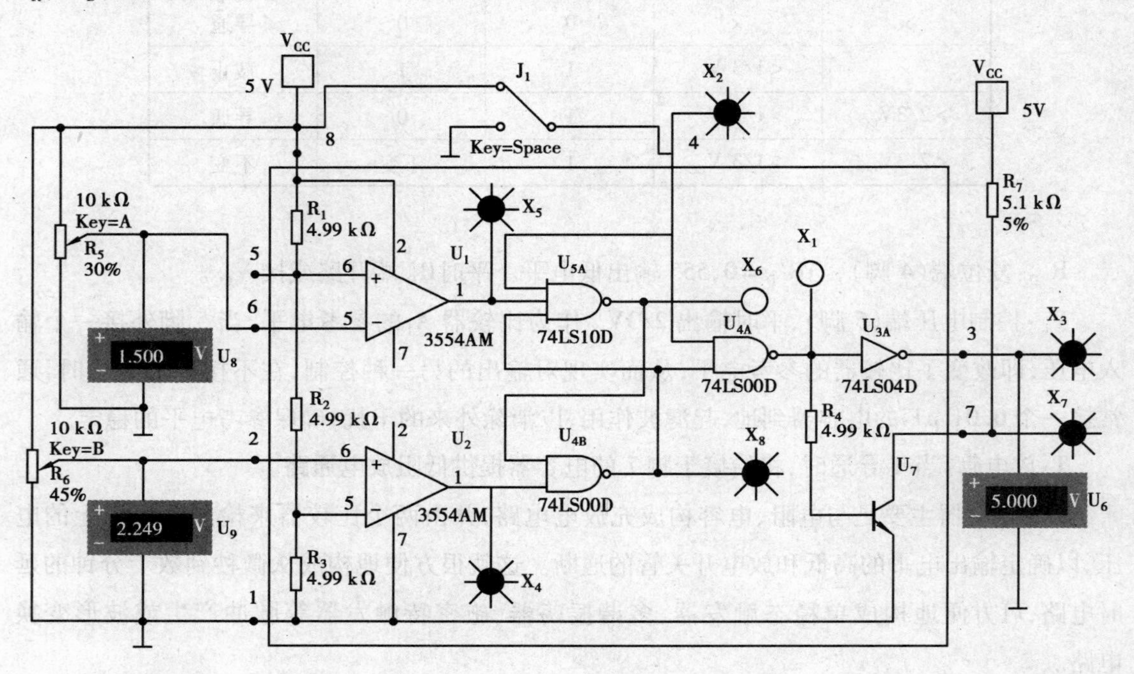

图 3.76　555 定时器内部结构及逻辑功能测试仿真

表 3.57　555 定时器逻辑功能测试

输　入			输　出	
T_H	T_R	R'_D	OUT	T
×	×	0		
×	$<1/3\ V_{CC}$	1		
$>2/3V_{CC}$	$>1/3\ V_{CC}$	1		
$<2/3V_{CC}$	$>1/3\ V_{CC}$	1		

2)用 555 定时器构成产生 500 Hz 的多谐振荡器

①按照图 3.77 所示,将 LM555CN、电阻、电容、示波器、频率计、电源和地线调出,放置在电子平台上,照图 3.77 连接好。

②开启仿真开关,双击示波器打开面板,观察 C_2 和 3 脚输出波形,双击频率计打开面板观察频率,波形和测量频率如图 3.77 所示。

(5)**实验室操作内容**

1)用 555 定时器构成单稳态触发器

①将 555 定时器高电平触发端 T_H 与放电端相连后接定时元件 R_C,从低电平触发端 T_R 加入触发信号,则构成单稳态触发器,如图 3.78 所示。

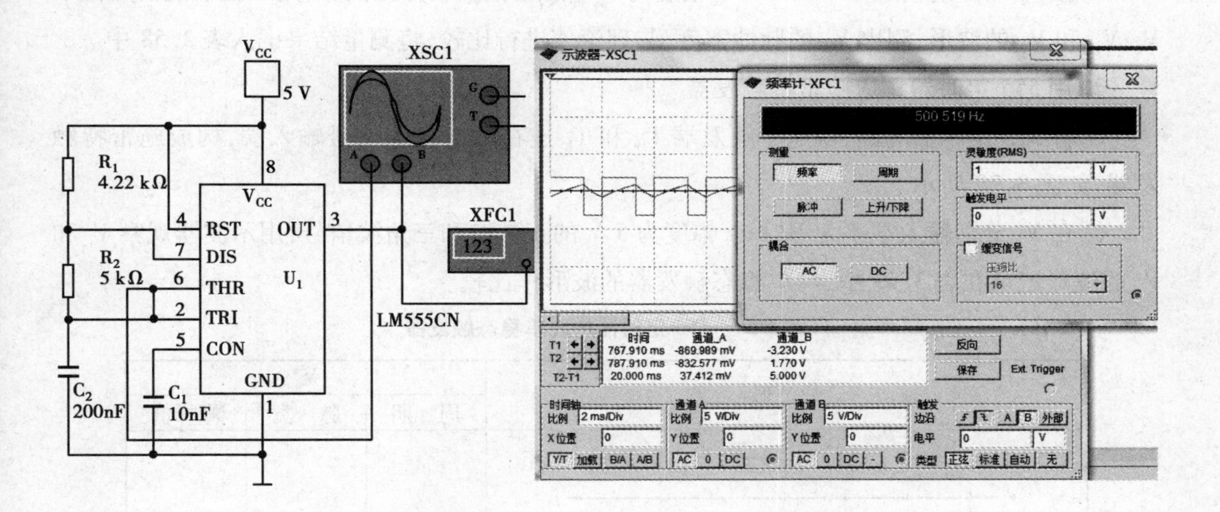

图 3.77 555 定时器构成多谐振荡器电路及仿真频率和波形

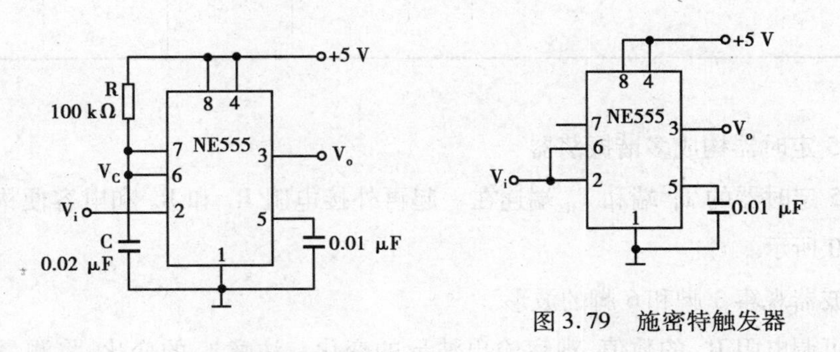

图 3.79 施密特触发器

图 3.78 单稳态触发器

表 3.58　555 定时器构成单稳态触发器

波　形	V_o		
	周　期	脉　宽	峰峰值
V_i → t V_C → t V_o → t			

②在 V_i 端分别输入频率为 1 kHz 幅度为 $2V_{pp}$ 的正弦波和方波信号，用示波器观察并记录 V_i，V_C 和 V_o 的波形，测出 V_o 的脉冲宽度，与理论值进行比较，将测量结果记入表 3.58 中。

2）用 555 定时器构成施密特触发器

①将 555 定时器的高、低电平触发端 T_H 和 T_L 连在一起作为信号输入端，构成施密特触发器，如图 3.79 所示。

②在 V_i 分别输入频率为 10 kHz 幅度为 5 V 的正弦波和三角波信号，用示波器观察 V_i 和 V_o 的波形记录在表 3.59 中，与单稳态触发器的波形作比较。

表 3.59　555 定时器构成单稳态触发器

波　形	V_o		
	周　期	脉　宽	峰峰值
V_i → t V_o → t			

3）用 555 定时器构成多谐振荡器

①将 555 定时器的 T_H 端和 T_R 端连在一起再外接电阻 R_1 和 R_2 和电容便构成多谐振荡器，如图 3.80 所示。

②用示波器观察 3 脚和 6 脚的波形。

③改变可调电阻 R_P 的数值，观察输出波形的变化。注意 f_0 的变化，将测量结果记入表 3.60 中。

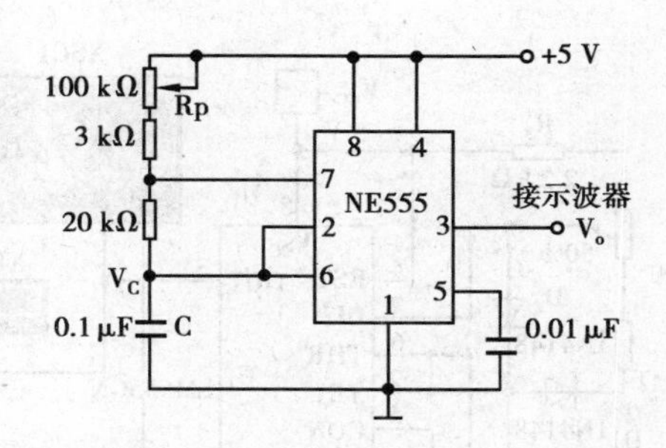

图3.80　555定时器构成多谐振荡器

表3.60　555定时器构成多谐振荡器

电阻值	波　形	V_o		
		周期	脉宽	峰峰值
$R_P=50$ kΩ	V_C → t V_o → t			
R_P 增大	V_C → t V_o → t			
R_P 减小	V_C → t V_o → t			

(6)Multisim 10 **仿真拓展性实验**

1)占空比可调的多谐振荡器

按图3.81所示接线,构成占空比可调的多谐振荡器,调节 R_1 观察频率计所示频率及示波器上 C_2 和3脚输出的波形。

2)电子眨眼电路

如图3.82所示,555和 R_1,R_2,C组成无稳态多谐振荡器。$f=1.44/(R_1+2R_2)C$,图3.82中参数的振荡频率在1 Hz左右,占空比为50%。它输出的高、低电平方波驱动 LED_1,LED_2,使之轮流"眨眼"发光。R_3,R_4 为限流保护电阻。

接通电源后,555起振,当3脚输出为高电平时,由于 LED_1 正极与电源相连相当于高电

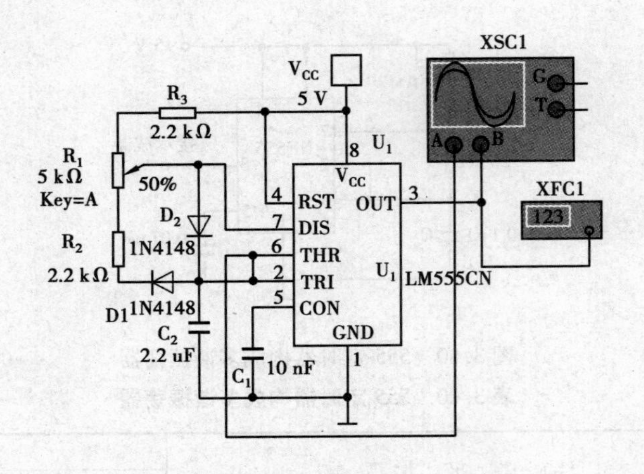

图 3.81　占空比可调的多谐振荡器

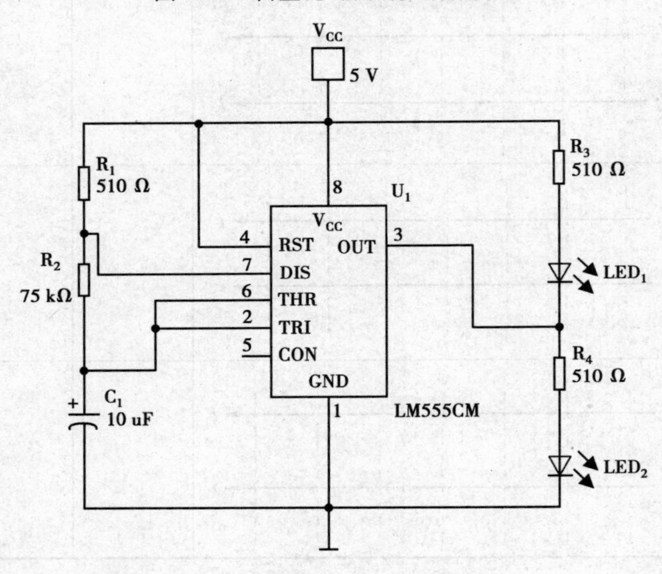

图 3.82　电子眨眼电路

平，负极通过 R_3 与 555 多谐振荡器的 3 引脚相连，LED_1 不发光。LED_2 的正极相当于高电平，负极与地相接，因此 LED_2 先发光。当 3 脚输出为低电平时，由于 LED_1 正极与电源相连相当于高电平，负极通过 R_3 与 3 脚相连相当于低电平，LED_1 发光。而 LED_2 的正极相当于低电平，负极与地相接，因此 LED_2 不发光。从而实现了电路的轮流眨眼功能。按图 3.82 接线，观察电路功能。

(7)**实验注意事项**

①定量画出实验所要求记录的各点波形。

②整理实验数据，分析实验结果与理论计算结果的差异，并进行分析讨论。

(8)思考题

①用 555 定时器构成的施密特触发器电路中,怎样改变回差电压的大小?

②用 555 定时器构成的单稳态触发器电路中,如触发脉冲大于单稳态持续时间,电路能否正常工作?

3.9　实验 9:数模转换器测试

(1)实验目的

①熟悉 D/A 转换器的工作原理。

②学习用 Multisim 10 软件进行 DAC 的仿真实验。

③熟悉 D/A 转换器集成芯片 DAC0832 的性能,学习其使用方法。

(2)实验设备及器件

①计算机及电路仿真软件 Multisim 10。

②SAC-DMS2 数字电路实验箱。

③数字万用表 1 块。

④集成电路:DAC0832,μA741 各 1 片。

(3)实验原理

数字量转换成模拟量称为数 / 模转换器(D / A 转换器,简称 DAC)。完成这种转换的线路有多种,特别是单片大规模集成 D / A 转换器问世,为实现上述的转换提供了极大的方便。使用者可借助于手册提供的器件性能指标及典型应用电路,即可正确使用这些器件。本实验将采用大规模集成电路 DAC0832 实现 D / A 转换。

1)D / A 转换器 DAC0832

DAC0832 是采用 CMOS 工艺制成的单片电流输出型 8 位数 / 模转换器。如图 3.83 所示为 DAC0832 的逻辑框图及引脚排列。

器件的核心部分采用倒 T 形电阻网络的 8 位 D / A 转换器,如图 3.84 所示。它是由倒 T 形 R-2R 电阻网络、模拟开关、求和放大器和参考电源 V_{REF} 这 4 部分组成。因为求和放大器反相输入端 V_- 的电位始终接近于零,所以无论开关合到哪一边,都相当于接到了“地”上,流过每一边的电流也始终不变。从每一条虚线端口处往左看过去的等效电阻都是 R,因此从参考电源流入倒 T 形电阻网络的总电流为 $I = V_{REF}/R$,而每个支路的电流依次为 $I/2$,$I/4$,$I/8$,$I/16$、…。如果令 $D_i = 0$ 时开关接地(接放大器的 V_+),而 $D_i = 1$ 时开关接 V - 端,在求和放大器的反馈电阻阻值等于 R 的条件下,输出电压为

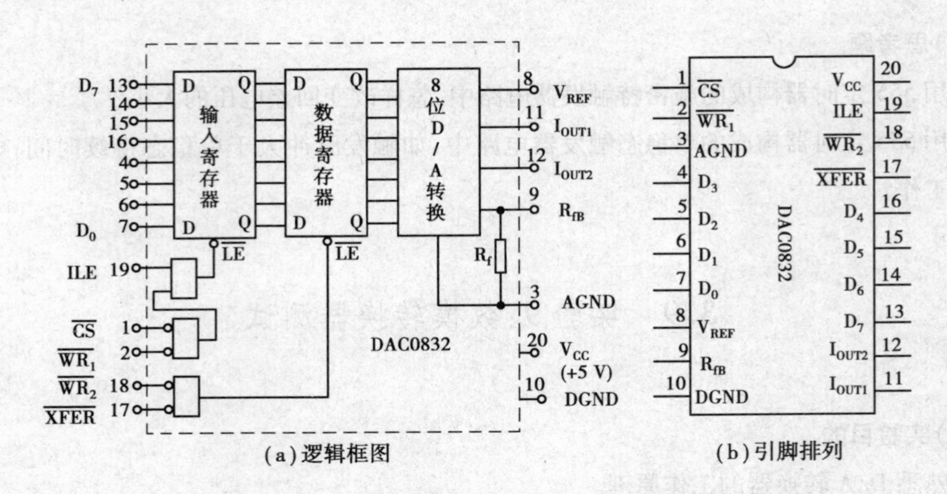

(a)逻辑框图　　　(b)引脚排列

图 3.83　DAC0832 单片 D/A 转换器逻辑框图和引脚排列

$$V_o = \frac{V_{REF}}{2^n}(D_{n-1} \cdot 2^{n-1} + D_{n-2} \cdot 2^{n-2} + \cdots + D_0 \cdot 2^0)$$

由上式可知,输出电压 V_o 与输入的数字量成正比,这就实现了从数字量到模拟量的转换。

一个 8 位的 D / A 转换器,它有 8 个输入端,每个输入端是 8 位二进制数的一位,有一个模拟输出端,输入可有 $2^8=256$ 个不同的二进制组态,输出为 256 个电压之一,即输出电压不是整个电压范围内任意值,而只能是 256 个可能值。

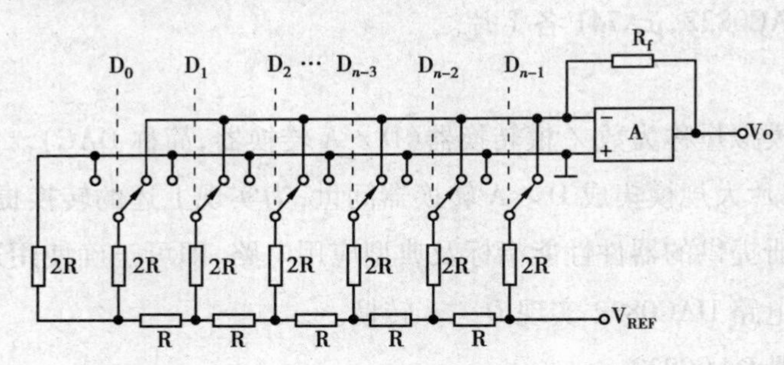

图 3.84　倒 T 形电阻网络 D / A 转换电路

2)DAC0832 引脚功能

DAC0832 的引脚功能说明如下:

D_0—D_7:数字信号输入端,D_7——MSB,D_0——LSB。

ILE:输入寄存器允许,高电平有效。

CS:片选信号,低电平有效,与 ILE 信号合起来共同控制 WR_1' 是否起作用。

WR_1':写信号 1,低电平有效,用来将数据总数的数据输入锁存于 8 位输入寄存器中,WR_1' 有效时,必须使 CS′和 ILE 同时有效。

XFER′:传送控制信号,低电平有效,用来控制 WR_2' 是否起作用。

WR_2':写信号2,低电平有效,用来将锁存于8位输入寄存器中的数字传送到8位D/A寄存器锁存起来,此时WFER应有效。

I_{OUT1}:D/A输出电流1,当输入数字量全为1时,电流值最大。

I_{OUT2}:D/A输出电流2。

R_{fb}:反馈电阻。DAC0832为电流输出型芯片,可外接运算放大器,将电流输出转换成电压输出,电阻R_{fb}是集成在内的运算放大器的反馈电阻,并将其一端引出片外,为在片外连接运算放大器提供方便。当R_{fb}的引出端(9脚)直接与运算放大器的输出端相连接,而不另外串联电阻时,则输出电压为

$$V_0 = \frac{V_{REF}}{2^n} = \sum_{i=0}^{n-1} d_i 2^i$$

V_{REF}:基准电压,通过它将外加高精度的电压源接至T形电压网络,电压范围为 -10 ~ +10 V,也可以直接向其他D/A转换器的电压端输出。

V_{CC}:电源,电压范围 +5 ~ +15 V。

AGND:模拟地。

DGND:数字地。

由于DAC0832转换输出是电流,当要求转换结果是电压时,可在DAC0832的输出端接一运算放大器,将电流信号转换成电压信号。当V_{REF}接+5 V(或 -5 V)时,输出电压范围是 -5 ~0 V(或0 ~ +5V)。如果V_{REF}接+10 V(或 -10 V)时,输出电压范围是0 ~ -10 V(或0 ~ +10 V)。

(4)Multisim 10 **仿真实验预习**

在电子平台上搭建一个如图3.85所示的倒T形电阻网络D/A转换器,测量输出电压V_o。

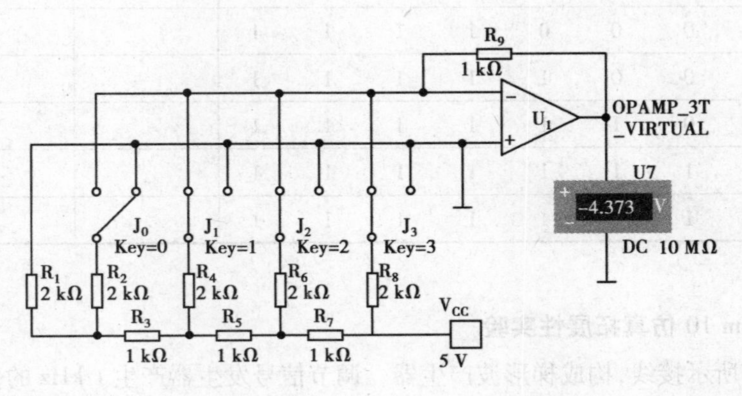

图3.85 倒T形电阻网络D/A转换器

根据表3.61设置模拟开关位置,测出V_o的值填入表3.61中,并与理论值作比较。

表 3.61　测量倒 T 形电阻网络 D/A 转换器输出电压

开关	J_0		J_1		J_2		J_3	
位置	左	右	左	右	左	右	左	右
实测值								
理论值								

(5) **实验室操作内容**

1) 实验箱上搭接电路

①把 DAC0832，uA741 插入实验箱，按图 3.86 所示接线，电路接成直通方式，即 CS′，WR_1'，WR_2'，XFER′接地；ILE，V_{CC}，V_{REF} 接 +5 V 电源；运放电源接 ±15 V；D_0—D_7 接逻辑开关的输出插口，输出端 V_o 接直流数字电压表。

②调零，令 D_0—D_7 全置零，调节运放的电位器使 μA741 输出为零。

③按表 3.62 所列的输入数字信号，用数字电压表测量运放的输出电压 V_o，并将测量结果填入表 3.62 中，并与理论值进行比较。

2) 记录实验结果

表 3.62

输入数字量								输出模拟电压	
D_7	D_6	D_5	D_4	D_3	D_2	D_1	D_0	实测值	理论值
0	0	0	0	0	0	0	0		
0	0	0	0	0	0	0	1		
0	0	0	0	0	0	1	1		
0	0	0	0	0	1	1	1		
0	0	0	0	1	1	1	1		
0	0	0	1	1	1	1	1		
0	0	1	1	1	1	1	1		
0	1	1	1	1	1	1	1		
1	1	1	1	1	1	1	1		

(6) Multisim 10 **仿真拓展性实验**

按图 3.87 所示接线，构成梯形波产生器。调节信号发生器产生 1 kHz 的信号作为计数器 7493 的时钟脉冲，计数器的输出端 Q_D，Q_C，Q_B，Q_A 分别与 8 位电压输出型 DAC 的 D_3，D_2，D_1，D_0 输入端相连接，DAC 的高四位输入端接地。计数器在计数到最后一个数“1111”时，将复位

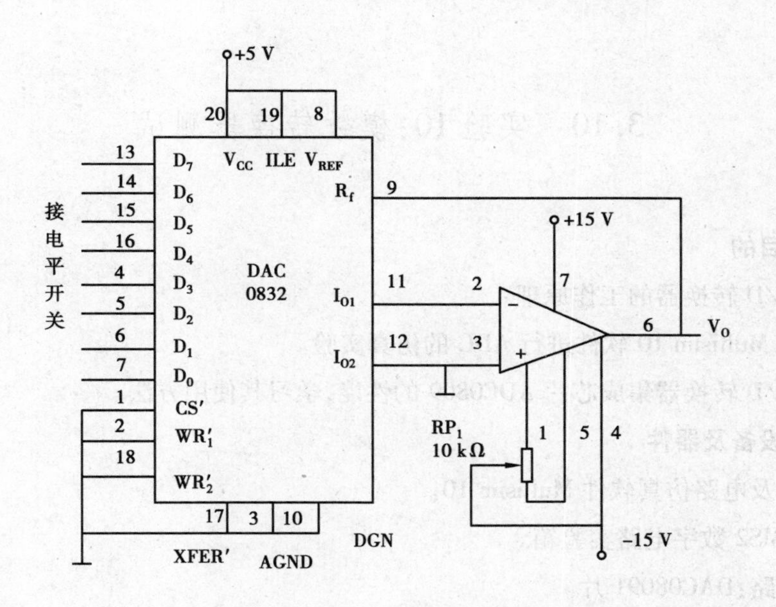

图3.86　D/A 转换器实验线路

到“0000”,开始下一轮计数。观察示波器的波形,调节 R_1 阻值大小观察波形的幅度有无变化。

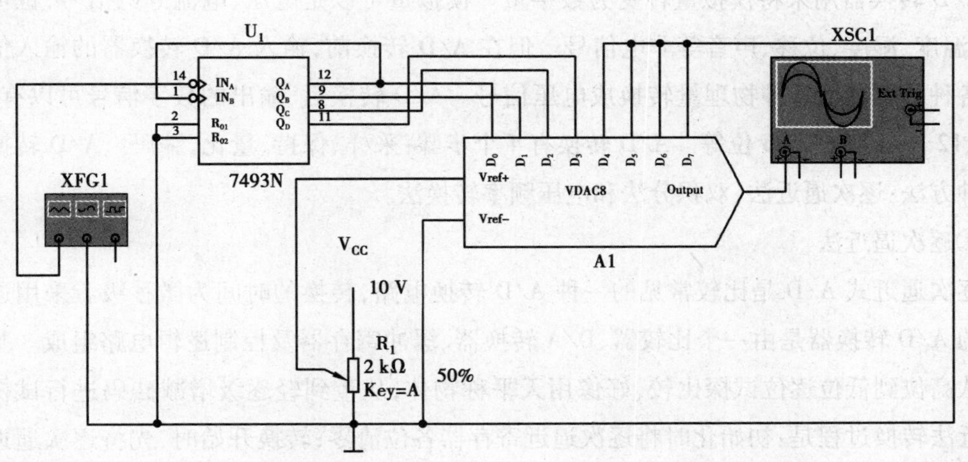

图3.87　DAC 与计数器构成梯形波发生器

(7)实验注意事项

①各个仪器的正确使用。

②集成块端口较多,注意各个端口的正确连接。

(8)思考题

①D/A 转换器的电路结构有哪些类型?它们各有什么优缺点?

②影响 D/A 转换器转换精度的因素有哪些?

3.10 实验10:模数转换器测试

(1)实验目的

①熟悉A/D转换器的工作原理。

②学习用Multisim 10软件进行ADC的仿真实验。

③熟悉A/D转换器集成芯片ADC0809的性能,学习其使用方法。

(2)实验设备及器件

①计算机及电路仿真软件Multisim 10。

②SAC-DMS2数字电路实验箱。

③集成电路:DAC08091片。

(3)实验原理

1)A/D转换器简介

A/D转换器用来将模拟量转变为数字量。模拟量可以是电压、电流等电信号,也可以是压力、温度、湿度、位移、声音等非电信号。但在A/D转换前,输入A/D转换器的输入信号必须经各种传感器把各种物理量转换成电压信号。A/D转换后,输出的数字信号可以有8位、10位、12位、14位和16位等。A/D转换有4个步骤:采样、保持、量化、编码。A/D转换主要有3种方法:逐次逼近法、双积分法和电压频率转换法。

①逐次逼近法

逐次逼近式A/D是比较常见的一种A/D转换电路,转换的时间为微秒级。采用逐次逼近法的A/D转换器是由一个比较器、D/A转换器、缓冲寄存器及控制逻辑电路组成。基本原理是从高位到低位逐位试探比较,好像用天平称物体,从重到轻逐级增减砝码进行试探。逐次逼近法转换过程是:初始化时将逐次逼近寄存器各位清零;转换开始时,先将逐次逼近寄存器最高位置为1,送入D/A转换器,经D/A转换后生成的模拟量送入比较器,称为V_o,与送入比较器的待转换的模拟量V_i进行比较,若$V_o < V_i$,该位1被保留,否则被清除。然后再置逐次逼近寄存器次高位为1,将寄存器中新的数字量送D/A转换器,输出的V_o再与V_i比较,若$V_o < V_i$,该位1被保留,否则被清除。重复此过程,直至逼近寄存器最低位。转换结束后,将逐次逼近寄存器中的数字量送入缓冲寄存器,得到数字量的输出。逐次逼近的操作过程是在一个控制电路的控制下进行的。

②双积分法

采用双积分法的A/D转换器由电子开关、积分器、比较器和控制逻辑等部件组成。基本原理是将输入电压变换成与其平均值成正比的时间间隔，再把此时间间隔转换成数字量，属于间接转换。双积分法 A/D 转换的过程：先将开关接通待转换的模拟量 V_i，V_i 采样输入积分器，积分器从零开始进行固定时间 T 的正向积分，时间 T 到后，开关再接通与 V_i 极性相反的基准电压 V_{REF}，将 V_{REF} 输入积分器进行反向积分，直到输出为 0 V 时停止积分。V_i 越大，积分器输出电压越大，反向积分时间也越长。计数器在反向积分时间内所计的数值，就是输入模拟电压 V_i 所对应的数字量，从而实现 A/D 转换。

③电压频率转换法

采用电压频率转换法的 A/D 转换器由计数器、控制门及一个具有恒定时间的时钟门控制信号组成，它的工作原理是 V/F 转换电路把输入的模拟电压转换成与模拟电压成正比的脉冲信号。电压频率转换法的工作过程：当模拟电压 V_i 加到 V/F 的输入端，便产生频率 F 与 V_i 成正比的脉冲，在一定的时间内对该脉冲信号计数，时间到，统计到计数器的计数值正比于输入电压 V_i，从而完成 A/D 转换。

2）A / D 转换器 ADC0809

ADC0809 是采用 CMOS 工艺制成的单片 8 位 8 通道逐次渐近型模 / 数转换器，其逻辑框图及引脚排列如图 3.88 所示。器件的核心部分是 8 位 A/D 转换器，它由比较器、逐次渐近寄存器、D/A 转换器及控制和定时 5 部分组成。

ADC0809 的引脚功能说明如下：

IN_0-IN_7：8 路模拟信号输入端。

A_2，A_1，A_0：地址输入端。

ALE：地址锁存允许输入信号，在此脚施加正脉冲，上升沿有效，此时锁存地址码，从而选通相应的模拟信号通道，以便进行 A / D 转换。

START：启动信号输入端，应在此脚施加正脉冲，当上升沿到达时，内部逐次逼近寄存器复位，在下降沿到达后，开始 A / D 转换过程。

EOC：转换结束输出信号（转换结束标志），高电平有效。

OE：输入允许信号，高电平有效。

CLOCK（CP）：时钟信号输入端，外接时钟频率一般为 640 kHz。

V_{CC}：+5 V 单电源供电。

$V_{REF}(+)$，$V_{REF}(-)$：基准电压的正极、负极。一般 $V_{REF}(+)$ 接 +5 V 电源，$V_{REF}(-)$ 接地。

D_7—D_0：数字信号输出端。

①模拟量输入通道选择

8 路模拟开关由 A_2，A_1，A_0 这 3 个地址输入端选通 8 路模拟信号中的任何一路进行A/D

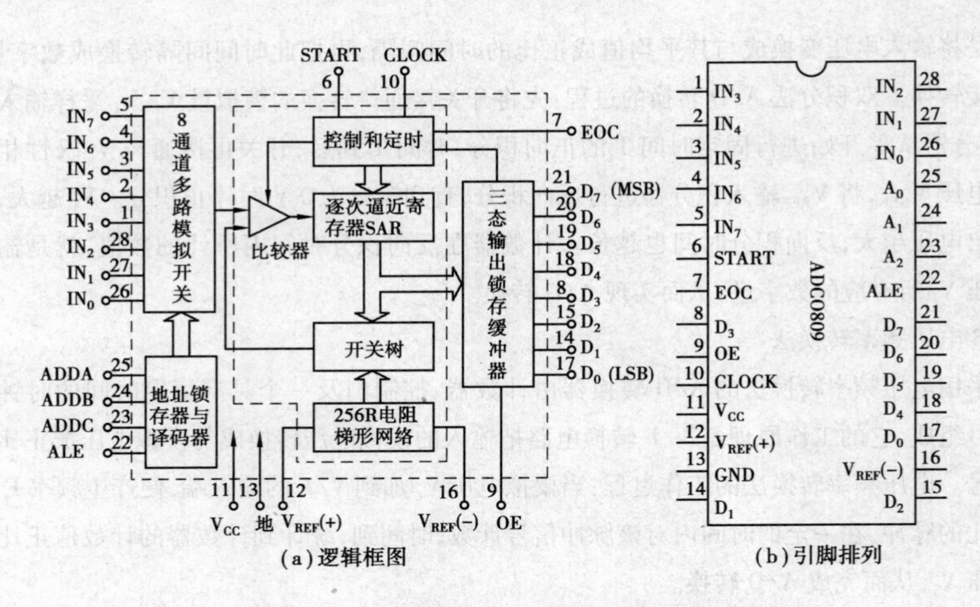

(a)逻辑框图　　　　(b)引脚排列

图 3.88　ADC0809 转换器逻辑框图及引脚排列

转换，地址译码与模拟输入通道的选通关系见表 3.63。

表 3.63

被选模拟通道		IN_0	IN_1	IN_2	IN_3	IN_4	IN_5	IN_6	IN_7
地	A_2	0	0	0	0	1	1	1	1
	A_1	0	0	1	1	0	0	1	1
址	A_0	0	1	0	1	0	1	0	1

②D / A 转换过程

在启动端(START)加启动脉冲(正脉冲)，D / A 转换即开始。如将启动端(START)与转换结束端(EOC)直接相连，转换将是连续的，在用这种转换方式时，开始应在外部加启动脉冲。

(4) Multisim 10 **仿真实验预习**

①单击元件工具条“杂项元件”按钮，在 ADC-DAC 系列中选“ADC”，放置在电子平台上，ADC 为 8 位电路，V_{in} 为模拟电压输入端；V_{ref} + 为参考电压“ + ”端，接直流参考电源的正端；V_{ref} - 为参考电压“ - ”端，一般与地连接；SOC 为启动转换信号端，只有从低电平变成高电平时，转换才开始；OE 为输出允许端；EOC 为转换结束标志，高电平表示转换结束；D_7—D_0 是 8 位数字量输出端。

②再将其他元件调出连接成如图 3.89 所示的 8 位 A/D 转换器仿真电路。

③R_1 用来调节模拟输入电压，R_2 用来调节基准电压，8 个指示灯表示输出的 8 位二进制

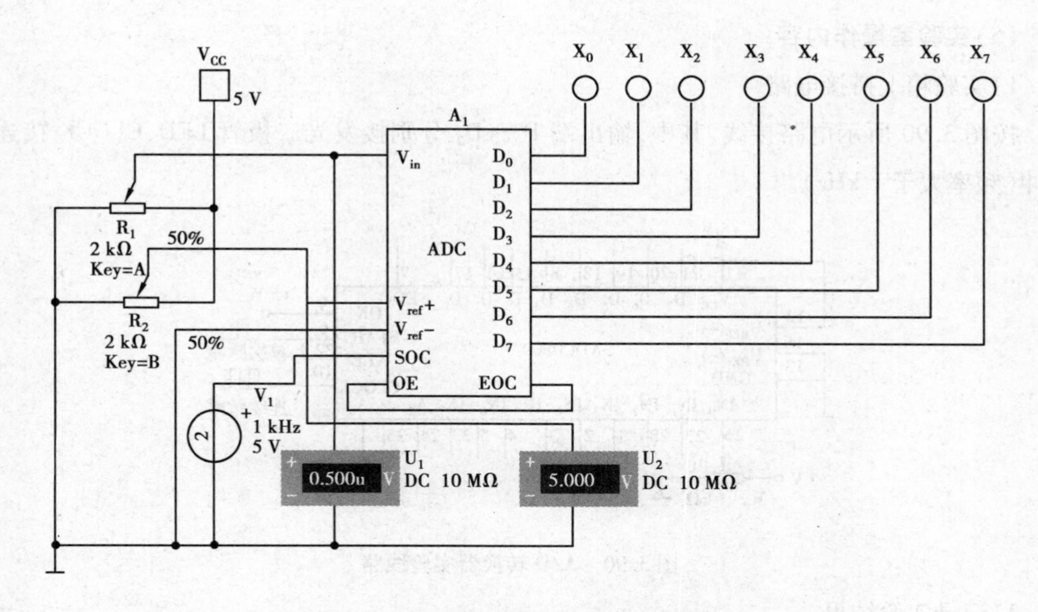

图 3.89　8 位 ADC 转换器仿真电路

数。将 R_1 滑动条调到 0，R_2 调到 100%，此时电压表 U_1 显示为 0.500 μV（即 0 V），电压表 U_2 显示为 5 V，表明 ADC 基准电压为 5 V。

④调节 R_1 的滑动条使其百分比以"2%"递增，同时电压表 U_1 的显示值也在增加，表明模拟输入电压 V_{in} 在增加，此时指示灯所表示的二进制数也在变化。

⑤根据表 3.64 中模拟输入电压 V_{in} 的要求改变 R_1 的百分比，将指示灯表示的二进制数和电压表 U_1 显示的十进制数的电压值填入表 3.64 中。

表 3.64　ADC 转换器仿真测试

电位器 R_1 百分比/%	指示灯表示的二进制数	电压表 U_1 显示数据
0		
2		
4		
6		
8		
10		
20		
40		
60		
80		
100		

(5)实验室操作内容

1)实验箱上搭接电路

按图 3.90 所示电路接线,其中,输出端 D_7—D_0 分别接发光二极管 LED,CLOCK 接连续脉冲(频率大于 1 kHz)。

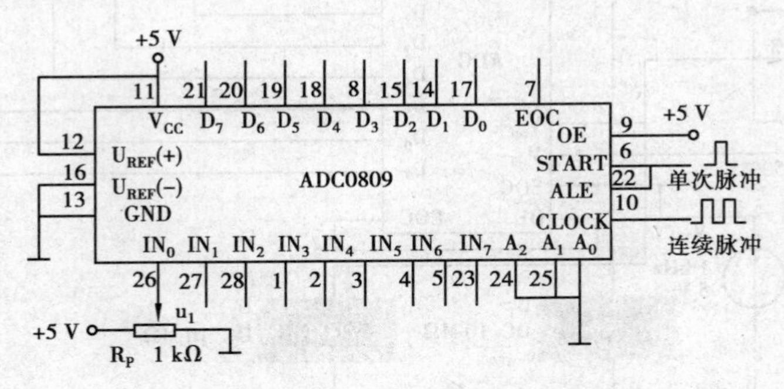

图 3.90 A/D 转换器实验线路

2)记录实验结果

①8 路输入模拟信号 1 ~4.5 V,由 +5 V 电源经电阻 R 分压组成;变换结果 D_0—D_7 接逻辑电平显示器输入插口,CP 时钟脉冲由计数脉冲源提供,取 $f = 100$ kHz;A_0—A_2 地址端接逻辑电平输出插口。

②接通电源后,在启动端(START)加一正单次脉冲,下降沿到即开始 A / D 转换。

③按表 3.65 的要求观察,记录 IN_0—IN_7 这 8 路模拟信号的转换结果,并将转换结果换算成十进制数表示的电压值,并与数字电压表实测的各路输入电压值进行比较,分析误差原因。

表 3.65 A/D 转换器测试

被选模拟通道	输入模拟量	地址			输出数字量								
IN	V_i/V	A_2	A_1	A_0	D_7	D_6	D_5	D_4	D_3	D_2	D_1	D_0	十进制
IN_0	4.5	0	0	0									
IN_0	4.0	0	0	0									
IN_0	3.5	0	0	0									
IN_0	3.0	0	0	0									
IN_0	2.5	0	0	0									
IN_0	2.0	0	0	0									
IN_0	1.5	0	0	0									
IN_0	1.0	0	0	0									

(6) Multisim 10 **仿真拓展性实验**

①单击元件工具条“杂项元件”按钮，在 ADC-DAC 系列中选“ADC”，VDAC 放置在电子平台上。

②再将其他元件调出连接成如图 3.91 所示的 ADC-DAC 综合应用的仿真电路。

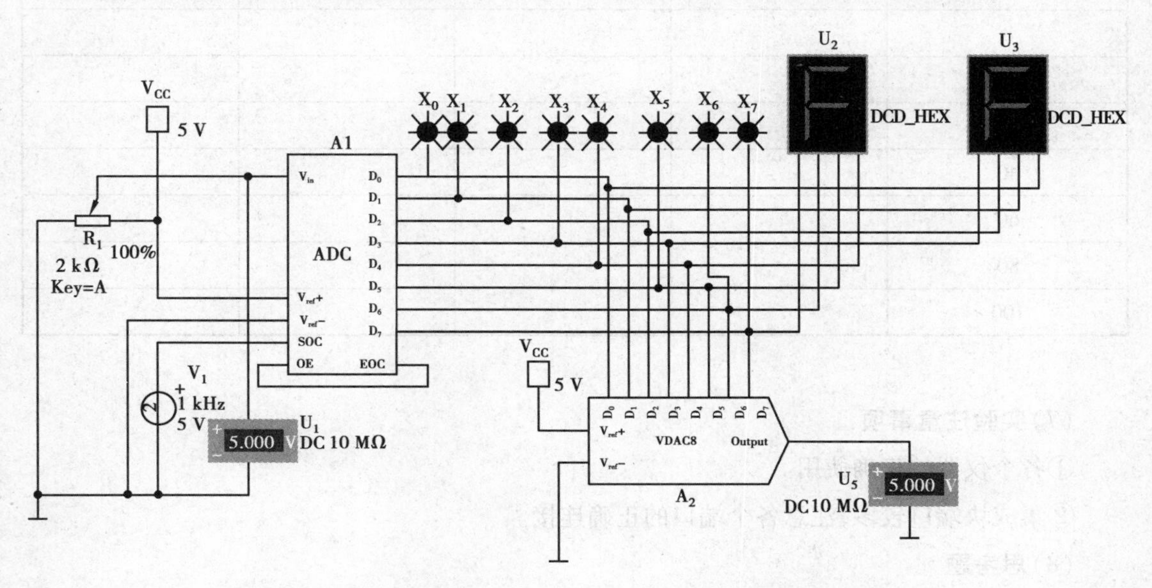

图 3.91　AD/DA 综合应用电路

③R_1 用来调节模拟输入电压，U_1 用来显示模拟输入电压，8 个指示灯表示输出的 8 位二进制数，两个数码管是十六进制的数码管，显示二位十六进制数。将 R_1 滑动条调到 0，此时电压表 U_1 显示为 0.500 μV(即 0V)，指示灯全部不亮，数码管显示为 0，电压表 U_5 显示为也 0V。

④调节 R_1 的滑动条使其百分比以“2%”递增，同时电压表 U_1 的显示值也在增加，表明模拟输入电压 V_{in} 在增加，此时指示灯所表示的二进制数也在变化，数码管显示的二位十六进制数也在发生相应的变化，电压表 U_5 的显示值与 U_1 的显示值基本吻合。

⑤根据表 3.66 中模拟输入电压 V_{in} 的要求改变 R_1 的百分比，将电压表 U_1，U_5 显示的电压值和指示灯表示的二进制数以及数码管显示的十六进制数填入表 3.66 中。

表 3.66　AD/DA 综合应用

电位器 R_1 百分比/%	电压表 U_1 显示数据	电压表 U_5 显示数据	指示灯表示的二进制数	数码管显示的十六进制数
0				
2				
4				

续表

电位器 R_1 百分比/%	电压表 U_1 显示数据	电压表 U_5 显示数据	指示灯表示的二进制数	数码管显示的十六进制数
6				
8				
10				
20				
40				
60				
80				
100				

(7)实验注意事项

①各个仪器的正确使用。

②集成块端口较多,注意各个端口的正确连接。

(8)思考题

A/D 转换器电路结构有哪些类型？它们各有什么优缺点？

第4章 数字电子技术课程设计

电子技术是一门实践性很强的课程,加强工程训练,特别是技能的培养,对于培养工程人员的素质和能力具有十分重要的作用。实验课、课程设计和毕业设计是大学阶段既相互联系又互有区别的3大实践性教学环节。实验课着眼于通过实验验证课程的基本理论,并培养学生的初步实验技能。而课程设计则是针对某一门课程的要求,对学生进行综合性训练,培养学生运用课程中所学到的理论与实践紧密结合,独立地解决实际问题。毕业设计虽然也是一种综合性训练,但它不是针对某一门课程,而是针对本专业的要求所进行的更为全面的综合训练。

本章主要介绍数字电子技术课程设计基础知识和设计方法。

4.1 数字电子技术课程设计基础及方法

4.1.1 数字电子技术课程设计的目的和要求

在电子信息类本科教学中,数字电子技术课程设计是一个重要的实践环节,它包括选择课题、电子电路设计、组装、调试和编写总结报告等实践内容。通过课程设计要实现以下两个目标:第一,综合运用数字电子技术课程中所学到的理论知识去独立完成一个设计课题。让学生初步掌握电子线路的试验、设计方法,即学生根据设计要求和性能参数,查阅文献资料,收集、分析类似电路的性能,并通过组装调试等实践活动,使电路达到性能指标;第二,为后续的毕业设计打好基础。

数字电子技术课程设计应达到以下基本要求:

①综合运用数字电子技术课程中所学到的理论知识去独立完成一个设计课题。

②通过查阅手册和文献资料,能合理、灵活地应用各种标准集成电路器件实现规定的数字系统。

③熟悉常用电子器件的类型和特性,并掌握合理选用的原则。

④会运用电路仿真软件进行仿真验证。

⑤学会电子电路的安装与调试技能。

⑥进一步熟悉电子仪器的正确使用方法。

⑦学会撰写课程设计总结报告。

⑧培养严肃认真的工作作风和严谨的科学态度。

4.1.2 数字电子技术课程设计的方法和步骤

电子电路的一般设计方法和步骤:分析设计任务和性能指标,选择总体方案,设计单元电路,计算参数,选择器件,画总体电路图,进行仿真试验和性能测试。实际设计过程中往往反复进行以上各步骤,才能达到设计要求,需要灵活掌握。

课程设计的具体步骤如下:

(1)设计任务分析

对系统的设计任务进行具体分析,充分了解系统的性能、指标内容及要求,以便明确系统应完成的任务。

(2)总体方案选择

这一步的工作要求就是根据提出的设计任务要求及性能指标,用具有一定功能的若干单元电路组成一个整体来实现设计任务提出的各项要求和技术指标,并画出一个能表示各单元功能的整机原理框图。设计过程中,往往有多种方案可以选择,应针对任务要求,查阅资料,权衡各方案的优缺点,从中选优。

根据掌握的知识和资料,针对系统提出的任务、要求和条件,完成系统的功能设计。在这个过程中,要勇于探索,勇于创新,力争做到设计方案合理、可靠、经济、功能齐全、技术先进,并且对方案要不断进行可行性和优缺点的分析,最后设计出一个完整框图。框图必须正确反映系统应完成的任务和各组成部分功能,清楚表示系统的基本组成和相互关系。

(3)单元电路的设计

单元电路是整机的一部分,只有把各单元电路设计好才能提高整体设计水平。每个单元电路设计前都需明确本单元电路的任务,详细拟订出单元电路的性能指标,明确单元电路与前后级之间的关系,分析电路的组成形式。具体设计时,可模仿成熟的先进电路,也可进行创新或改进,但都必须保证性能要求。而且不仅单元电路本身要设计合理,各单元电路间也要相互配合，注意各部分的输入信号、输出信号和控制信号的关系。

设计单元电路的一般方法和步骤如下：

①根据设计要求和选定的总体方案原理图，确定对各单元电路的设计要求，必要时应详细拟订主要单元电路的性能指标。

②拟订出各单元电路的要求后，对它们进行设计。

③单元电路设计应采用符合的电平标准。

④注意各单元之间的匹配连接。

(4)**参数计算**

为保证单元电路达到功能指标要求，需要用电子技术知识对参数进行计算。例如，放大电路中各阻值、放大倍数的计算；振荡器中电阻、电容、振荡频率等参数的计算。只有很好地理解电路的工作原理，正确利用计算公式，计算的参数才能满足设计要求。

一般计算参数时应注意以下4点：

①器件的工作电压、电流、频率和功耗等应在允许的范围内，并留有适当裕量。

②对于环境温度、交流电网等工作条件，计算参数时应按最不利的情况考虑。

③涉及元件的极限参数时，必须留有足够的裕量，一般按1.5倍左右考虑。

④应把计算确定的各参数值标在电路图的适当位置。

(5)**器件选择**

选择元器件应从“需要什么”和“有什么”两个方面来考虑。“需要什么”是指根据设计方案需要什么样的元器件，该元器件应具有哪些功能和性能指标。“有什么”是指有哪些元器件，哪些能在市场上买得到，其性能特点怎么样。

在保证电路性能的前提下，尽量选用常见的、通用性好的、价格相对低的、手头有的或容易买到的器件。一般优先选择集成电路。

选择集成电路时应注意以下3点：

①应熟悉集成电路常见产品的型号、性能、价格等，以便在设计时能提出较好的方案，能较快地设计出单元电路和总电路。

②应注意集成电路的电源电压范围、供电方式，以免烧坏器件。

③阻容元件种类繁多，性能各异。不同的电路对电阻和电容性能要求也不同，应熟悉各种常用阻容元件的种类、性能和特点，根据电路的要求进行选择。

针对数字电路的课程设计，在搭建单元电路时，对于特定功能单元选择主要集成块的余地较小。例如，时钟电路选555，转换电路选0809，译码及显示驱动电路也都相对固定。但由于电路参数要求不同，还需要通过选择参数来确定集成块型号。一个电路设计，单用数字电路课程内容是不够的，往往同时掺有线性电路元件和集成块，因此还需对相应内容熟悉。例如,运算放大器的种类和基本用法,集成比较器和集成稳压电路的特性和用法。总之,构建单元电路时,选择器件的电平标准和电流特性很重要。普通的门电路、时序逻辑电路、组合逻辑电路、脉冲产生电路、数模和模数转换电路、采样和存储电路等,参数选择恰当可以发挥其性能并节约设计成本。

单元电路设计过程中,阻容元件的选择也很关键。它们的种类繁多,性能各异。不同的电路对电阻和电容性能要求也不同,有些电路对电容的漏电要求很严,还有些电路对电阻、电容的性能和容量要求很高。例如,滤波电路中常用大容量铝电解电容,为滤掉高频通常还需并联小容量瓷片电容。设计时要根据电路的要求选择性能和参数合适的阻容元件,并要注意功耗、容量、频率和耐压范围是否满足要求。

(6)画总体电路图

画总体电路图的一般方法如下:

①画总电路图应注意信号的流向,通常从输入端或信号源画起,按从左到右或从上到下的顺序依次画出各单元电路。电路图排布应美观合理。

②电路图中所有的连线应标示清楚,各元件之间的绝大多数连线应在图样上标出,连线通常应画成横平竖直,交叉相连接的线应在交叉处用圆点标出。

③集成电路通常用框图表示,在框图中标出其型号,框的边线两侧标每根引线的功能名称和管脚号。

(7)仿真调试

随着计算机的普及和 EDA 技术的发展,电子电路设计中的实验演变为仿真和实验相结合。用 Multisim 10 对所设计的电路进行仿真,验证所设计的电路是否达到设计要求的技术指标,或是通过调整电路中元器件参数使所设计的电路性能达到最佳。

电路仿真可以不用实际搭接电路也能对电路进行分析。电路仿真具有以下优点:

①电路仿真不受工作场地、仪器设备、元器件品种、数量的限制,使用方便快捷,不会有经济损失。

②对电路中只能依据经验来确定的元器件参数,用电路仿真的方法很容易确定,并且参数容易调整。

③由于设计的电路可能存在错误,或者在实验时搭接电路时出错而损坏元器件,或者在调试中损坏仪器,从而造成损失,而电路仿真则不会。

需要说明的是,尽管电路仿真具有许多优点,但其仍不能完全取代实验,对于电路中关键部分或是采用新技术、新电路、新器件的部分,仍需要进行实验。

(8)安装调试

安装与调试过程应按照先局部后整机的原则,根据信号的流向逐块调试,使各功能块都要达到各自技术指标的要求,然后把它们连接起来进行统调和系统测试。调试包括调整与测试两部分,调整主要是调节电路中可变元器件或更换器件,使之达到性能的改善。测试是采用电子仪器测量相关点的数据与波形,以便准确判断设计电路的性能。

装配前必须对元器件进行性能参数测试。根据设计任务的不同,有时需进行印制电路板设计制作,并在印制电路板上进行装配调试。

电路安装完毕,不要急于通电调试,而要先对照电路图认真检查连线是否正确、有无接触不良,可用数字万用表的蜂鸣器挡来检查;检查元器件安装是否有误;电源端对地是否存在短路。

(9)**故障检查**

调试中发现电路不能正常工作表明电路出了故障,查找故障的顺序可以从输入到输出,也可以从输出到输入。查找故障的一般方法如下:

1)直接观察法

直接观察法是指不用任何仪器,利用人的视、听、嗅、触等作为手段来发现问题,寻找和分析故障。直接观察包括不通电检查和通电观察。检查仪器的选用和使用是否正确;电源电压的等级和极性是否符合要求;电解电容的极性、二极管和三极管的管脚、集成电路的引脚有无错接、漏接、短路等情况;布线是否合理;电阻电容有无烧焦和炸裂,等等。

2)电压法

用万用表直流电压挡检查电源电压与逻辑电平是否符合要求。

3)示波器观察法

对于时序逻辑电路可用示波器逐级观察波形及幅值的变化情况,如哪一级异常,则故障就在该级。

4)对比法

怀疑某一电路存在问题时,可将此电路的参数与工作状态和相同的正常电路的参数(或理论分析的电流、电压、波形等)进行一一对比,从中找出电路中的不正常情况,进而分析故障原因,判断故障点。

5)元器件替换法

有时故障比较隐蔽,不能一眼看出,如这时你手头有与故障电路同型号的元器件时,可将手头好的元器件替换有故障电路中的相应部件,以便于缩小故障范围,进一步查找故障。

6)短路法

短路法是采取临时性短接一部分电路来寻找故障的方法。短路法对检查断路性故障最有效,但要注意对电源(电路)是不能采用短路法的。

7)断路法

断路法用于检查短路故障最有效。断路法也是一种使故障怀疑点逐步缩小范围的方法。

例如，某稳压电源因接入一带有故障的电路，使输出电流过大，这时就需要采取依次断开电路的某一支路的办法来检查故障。如果断开该支路后，电流恢复正常，则故障就发生在此支路。

实际调试时，寻找故障原因的方法多种多样，以上仅列举了几种常用的方法。这些方法的使用可根据设备条件，故障情况灵活掌握，对于简单的故障用一种方法即可查找出故障点，但对于较复杂的故障则需采取多种方法互相补充、互相配合，才能找出故障点。

(10)衡量设计的标准

衡量设计的标准是：工作稳定可靠；能达到预定的性能指标，并留有适当的余量；电路简单，成本低，功耗低；器件数目少，集成体积小，便于生产和维护。

4.1.3 数字电路设计方法

(1)组合逻辑电路的设计方法

1)组合逻辑电路的一般设计步骤和方法

①分析设计要求。

②按输入变量与输出变量之间的逻辑关系列出真值表。

③利用公式法或卡诺图进行逻辑函数化简。

④按照化简后的最简逻辑表达式，画出逻辑电路图。

上述步骤中，列真值表往往是比较困难的一步。因为这一步实质上是把文字叙述的实际问题变成用逻辑语言表达的逻辑问题。

2)利用中大规模集成电路设计组合电路

由于中大规模集成电路的品种与日俱增，利用中大规模集成电路设计组合电路的方法也不断发展，利用这些中大规模集成化产品，可以很方便地设计各种功能的组合电路。

(2)时序逻辑电路的设计方法

在数字电路中，时序电路有同步和异步之分，异步时序电路设计复杂，电路速度慢，不予介绍，这里只介绍同步时序电路的设计方法。

同步时序电路的设计步骤如下：

①画原始状态图或状态表。首先对实际问题作全面分析，明确有哪些信息需要记忆，需要多少状态，怎样用电路状态反映出来。

②化简。为了充分描述电路的功能，在初步建立的状态图或状态表中，要求以尽可能简单的电路来实现所要求的功能，因此必须进行化简，以消除多余状态。

③进行状态分析。按化简后的状态数 N，确定触发器的数目 n，使 $2^n \geq N$。给每个状态一定编码，即进行状态分配，状态分配的情况，会对状态方程的的输出以及实现起来是否经济等产生影响，因此往往需要仔细考虑。有时需要多次比较才能确定最佳方案。

④求状态方程、输出方程。

⑤求驱动方程,并检查能否自启动。

⑥画出逻辑电路图。

4.2　课程设计报告及评分标准

4.2.1　课程设计报告

课程设计报告是学生对课程设计全过程的系统总结。学生应按规定的格式撰写设计报告。报告的主要内容如下:

①课题名称。

②设计任务与要求。

③课题分析与方案选择。

④方案的原理框图,总体电路图、布线图以及说明;单元电路设计与说明;元器件选择和电路参数计算的说明,等等。

⑤电路安装调试。对安装调试中出现的问题进行分析,并说明解决的措施;测试、记录、整理与结构分析。

⑥收获体会、存在问题和进一步改进的意见等。

4.2.2　成绩评定方法

课程设计成绩分 3 个部分评定:方案设计、硬件调试过程和设计报告,按 3∶4∶3评定成绩。按 5 级制评定最终成绩(优、良、中、及格、不及格)。评分方法如下:

①理论方案设计在能够体现题目功能、原理图正确合理的前提下,教师对学生的设计水平、难易程度、实现方法进行评价。

②调试过程中教师巡回检查辅导,了解每个学生的工作情况。每组调试结束后经指导教师检查,对其实验方法、结果、元器件及设备的完好情况综合评价。

③设计报告按规定要求撰写,要求材料齐全、叙述清楚、书写整洁、层次清晰。插图和照片应比例适当,清楚美观;插图应标明图序和图题。

④总评成绩为

$$总评成绩 = 理论设计成绩 \times 0.3 + 调试过程成绩 \times 0.4 + 报告成绩 \times 0.3$$

4.3 设计范例——四人智力竞赛抢答器的设计

4.3.1 设计任务

(1)**设计目的**

①掌握四人智力竞赛抢答器电路的设计、组装与调试方法。

②熟悉数字集成电路的设计和使用方法。

(2)**设计任务与要求**

1)设计任务

设计1台可供4名选手参加比赛的智力竞赛抢答器。当主持人说开始时,4人开始抢答,电路能判别出4路输入信号中哪一路是最先输入信号,并给出声、光显示,数码管显示选手组号。

2)设计要求

①四名选手编号为1,2,3,4。各有一个抢答按钮,按钮的编号与选手的编号对应,也分别为1,2,3,4,每名选手各有一个指示灯。

②给主持人设置一个控制按钮,用来控制系统清零(数码管显示为零)和抢答的开始。

③抢答器具有数据锁存和显示的功能。抢答开始后,若有选手按动抢答按钮,该选手编号立即锁存,对应的指示灯亮,并在抢答显示器上显示该编号,同时扬声器给出音响提示,封锁输入编码电路,禁止其他选手抢答。抢答选手的编号一直保持到主持人将系统清零为止。

3)选做

①抢答器电路中,当有人按下按钮后,声音一直响着,试改进电路使声音只响2 s。

②给抢答器增加30 s限时电路,当达到30 s时仍无人抢答,电路自动报警,并停止抢答。

4.3.2 设计方案选择

方案一:电路大致可以由3个功能模块组成:以锁存器为中心的编码显示电路部分,脉冲产生电路部分,音响电路部分。在锁存器为中心的编码显示电路部分中,由锁存器74LS373,4选1数据选择器74LS153,显示器,LED发光二极管和门电路组成,使用74LS373作为锁存电路,当有人抢答时,利用锁存器的输出信号将时钟脉冲置零,74LS373立即被锁存,同时蜂鸣器鸣响,这时抢答无效,使用74LS153作为数据选择器,对输入的信号进行选择,使选手对应的LED发光二极管发光,同时扬声器发出声音;在脉冲产生电路部分中,用石英晶体振荡器予以实现,由于石英晶体的稳定性和精确性比较高,因此用其产生的脉冲信号更加稳定,同时在显示方面更能接近预定的值，受外界环境的干扰较少；在音响电路部分中，由 555 定时器和电阻电容接合成多谐振荡器，产生所需要的脉冲，然后接入蜂鸣器构成。

方案二：电路大致可以由 3 个功能模块组成：以 4D 触发器 74LS175 为中心构成编码锁存系统电路部分，脉冲产生电路部分，报警电路部分。在 4D 触发器构成的抢答锁存器中，由主持人来控制 74LS175 的清零端，当清零端为高电平"1"时，选手开始抢答，最先按键的选手相应的 LED 发光二极管发光，并且扬声器发出声音，通过编码译码数码显示器显示该选手的编号，同时，由 4 个 Q′输出端及门电路组成的锁存电路来控制其他选手再按键时不再起作用，这时抢答无效；在脉冲产生电路部分中，用 555 定时器予以实现，通过调节电阻的阻值最后得到符合要求的脉冲，因为可通过改变电阻电容微调频率，取代了用分频器对高频信号进行分频，从而使电路简单了；在报警电路部分中，将 555 定时器和电阻电容组成的多谐振荡器产生的脉冲与锁存信号一起送到音响控制电路，然后接入蜂鸣器构成。

选择结果是方案二。其原因是：虽然用 555 定时器构成的多谐振荡器的稳定性和精确性没有石英晶体振荡器高，但由于后者设计方便、操作简单，因此成为了设计时的首选。

4.3.3　系统方框图及电路原理

(1) 系统方框图

四人智力竞赛抢答器系统方框图如图 4.1 所示。

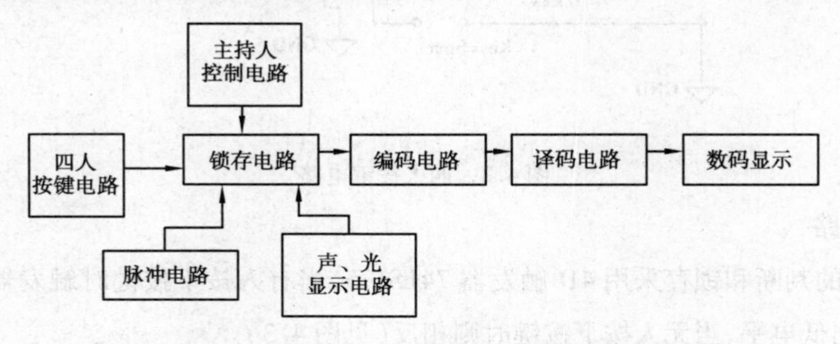

图 4.1　四人智力竞赛抢答器系统方框图

(2) 电路原理

电路主要由脉冲产生电路、四人按键电路、锁存电路、编码及译码显示电路和音响产生电路组成。当有选手抢答按下按键时，首先锁存，阻止其他选手抢答，然后编码，再经 4 线七段译码器将数字显示在显示器上，同时产生音响。

4.3.4　单元电路设计

(1) 以锁存器为中心的编码显示电路设计

这部分电路是系统的核心部分，由 5 个子电路构成，分别是四人按键电路、锁存电路、编码电路、译码显示电路及主持人控制电路。

1)四人按键电路

如图4.2所示为四人按键电路。从中可知其结构非常简单。电路中R_3为限流电阻。当任一按键按下时,相应的按键输出为高电平,否则为低电平。

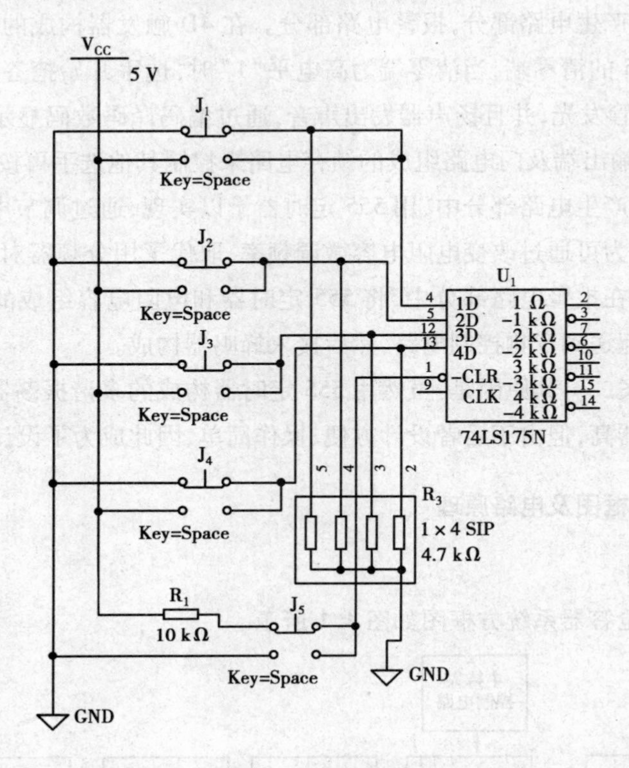

图4.2 四人按键电路

2)锁存电路

抢答信号的判断和锁存采用4D触发器74LS175,当有人按下按键时触发器Q端输出为高电平,Q′输出低电平,当无人按下按键时则相反(见图4.3)。

抢答信号的锁存通过D触发器的Q′输出端与四输入与非门和二输入与非门控制时钟脉冲实现。当无人抢答时,4个D触发器的Q′输出端为"1"时,脉冲能够进入触发器,有一人抢答时,对应的Q′端输出为"0",四输入与非门输出为"1",经两级与非门后使CLK端保持为"1",脉冲再不能进入触发器,从而防止其他人抢答。

3)编码电路

编码的作用是把4D触发器的输出转化成8421BCD码,进而送给七段显示译码器。表4.1为其真值表。编码电路由两个与非门构成,电路如图4.4所示。

4)译码显示电路

如图4.4所示,译码显示电路是将编码电路送来的8421BCD码译码驱动数码显示器显示

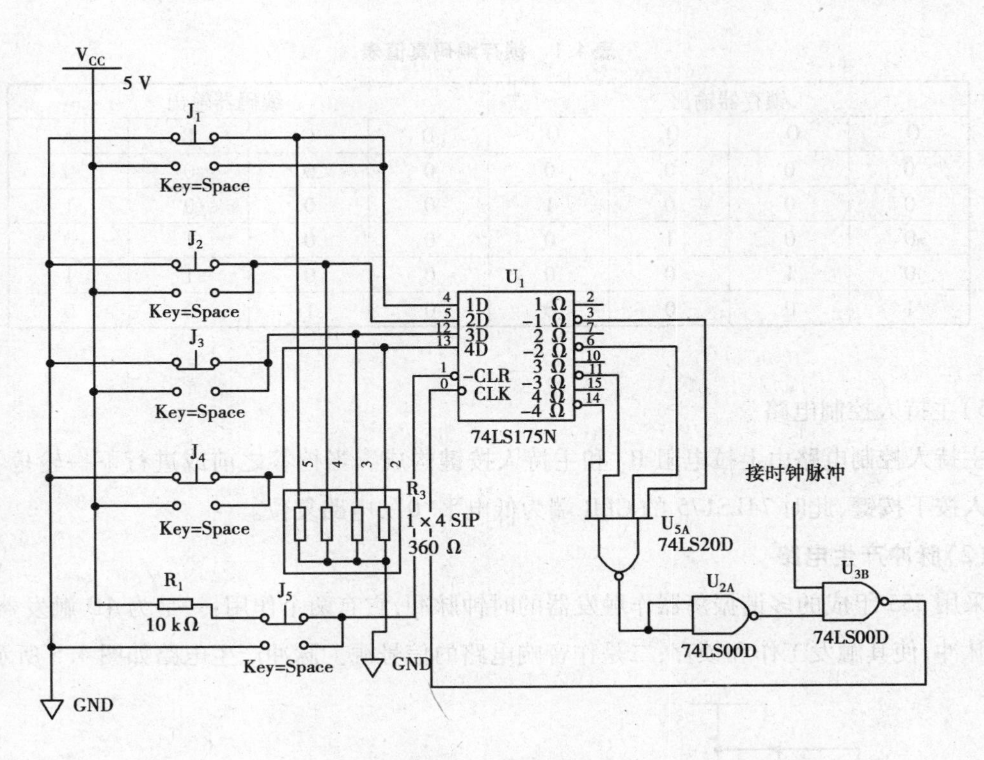

图4.3　锁存电路

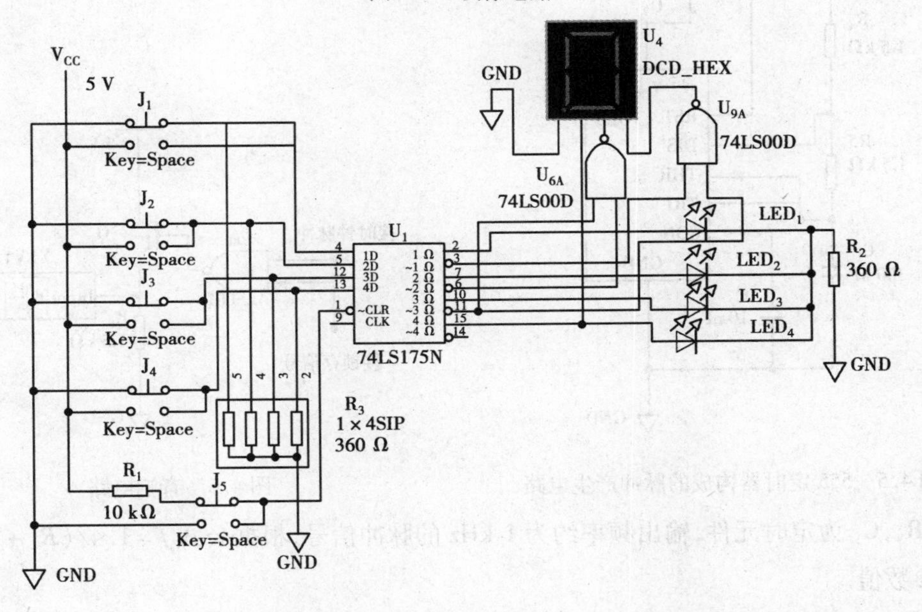

图4.4　编码译码显示电路

抢答选手的编号。

表 4.1 锁存编码真值表

锁存器输出				编码器输出			
Q_4	Q_3	Q_2	Q_1	D	C	B	A
0	0	0	0	0	0	0	0
0	0	0	1	0	0	0	1
0	0	1	0	0	0	1	0
0	1	0	0	0	0	1	1
1	0	0	0	0	1	0	0

5)主持人控制电路

主持人控制电路由上拉电阻 R_1 和主持人按键构成。当抢答之前或进行下一轮抢答时，主持人按下按键，此时 74LS175 的 CLR 端为低电平“0”，电路复位。

(2)**脉冲产生电路**

采用 555 组成的多谐振荡器作触发器的时钟脉冲，它有两个作用：一是为 4D 触发器提供时钟脉冲，使其触发工作和锁存；二是作音响电路的信号源。脉冲产生电路如图 4.5 所示。

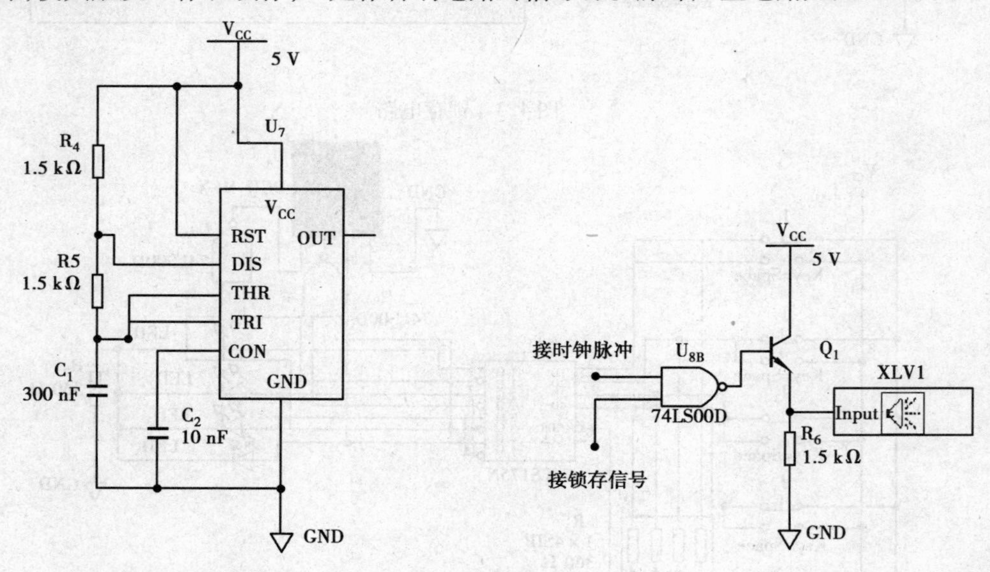

图 4.5 555 定时器构成的脉冲产生电路　　　　图 4.6 音响电路

R_4、R_5，C_1 为定时元件，输出频率约为 1 kHz 的脉冲信号，根据公式 $f=1.4/(R_4+2R_5)C_1$ 选择其参数值。

(3)**音响电路**

利用 555 组成的振荡器输出脉冲作音响电路信号源，经与非门控制后送给三极管推动蜂鸣器发出声音。当任一选手按下按键时，扬声器发出鸣响声，直到主持人清零才停止；清零时，扬声器不工作。

4.3.5　总原理电路图

四人智力竞赛抢答器原理图如图4.7所示。

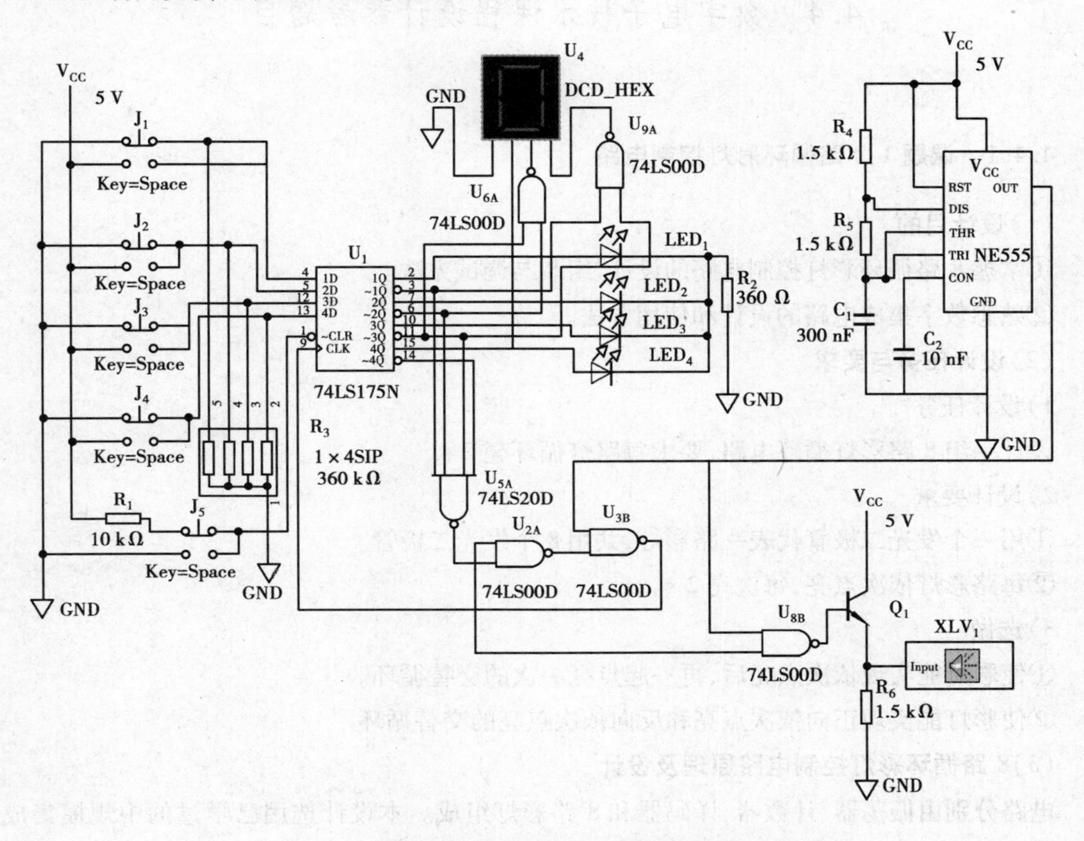

图4.7　四人智力竞赛抢答器总原理图

4.3.6　安装调试要点

①画出整个系统的电路图,并列出所需器件清单。

②采购器件,并按电路图接线,认真检查电路是否正确,注意器件管脚的连接,"悬空端""清零端""置1端"、电源、接地,要正确处理。

③单元电路检测。接通电源后,双踪示波器观察脉冲电路的输出波形,看其是否满足设计要求,主持人给开始信号,再观察数码管显示是否正确。观察选手抢答时锁存器输出是否控制其时钟脉冲的通断,从而判断是否自锁了其他选手的抢答信号。抢答信号到BCD码的转化可将转化逻辑的输出与真值表对照检查,观察设计是否正确。扬声器接受主持人开始信号、选手抢答信号,可分别检测。

④系统联调。给整个系统上电,主持人给开始信号,对选手抢答和没有抢答分别进行测

试,观察显示结果。

4.4　数字电子技术课程设计参考题目

4.4.1　课题 1:8 路循环彩灯控制电路

(1)设计目的

①掌握 8 路循环彩灯控制电路的设计、组装与调试方法。

②熟悉数字集成电路的设计和使用方法。

(2)设计任务与要求

1)设计任务

设计一组 8 路彩灯循环电路,要求每路灯循环亮 2 s。

2)设计要求

①用一个发光二极管代表一路彩灯,共用 8 个发光二极管。

②每路彩灯依次点亮,每次亮 2 s。

3)选做

①使彩灯能实现依次点亮后,再一起点亮一次的交替循环。

②使彩灯能实现正向依次点亮和反向依次点亮的交替循环。

(3)8 路循环彩灯控制电路原理及设计

电路分别由振荡器、计数器、译码器和 8 路彩灯组成。本设计选用已学过的中规模集成电路进行设计。用 555 定时器组成的多谐振荡器脉冲进行计数,计数器的输出作为译码器的地址输入,经译码器控制依次点亮各路彩灯。电路方框图如图 4.8 所示。

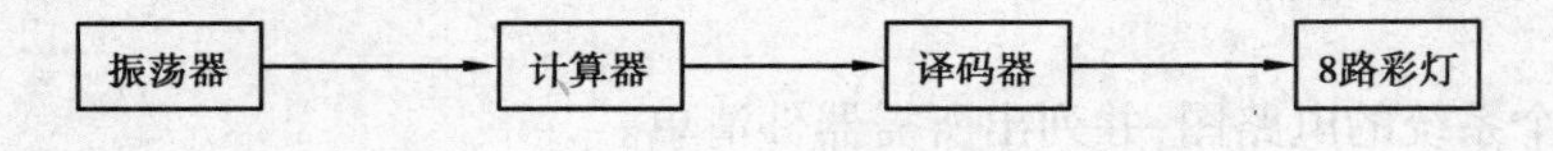

图 4.8　彩灯控制方框图

1)振荡器设计

彩灯控制用的振荡器对频率的精度要求不高,为使计数器简单,将振荡器频率设计得低一些。用 555 电路构成多谐振荡器,振荡周期应为 1 s。需计算电路中电阻和电容的参数。

2)计数器的选用

选 4 位二进制计数器 74LS161。Q_3,Q_2,Q_1 作输出,Q_0 不用,使输出数据的频率为输入时钟频率的一半,周期为 2 s。

3)译码器的选用

选用 74LS138 三线八线译码器。当输入信号由 000 ~ 111 变化时,对应的Y'_0至Y'_7输出低电平，驱动外接彩灯亮。

(4) **调试要点**

①画出整个系统的电路图，并列出所需器件清单。

②采购器件，并按电路图接线，认真检查电路是否正确，注意器件管脚的连接，“悬空端”“清零端”“置 1 端”、电源、接地，要正确处理。

③单元电路检测。检测所有电阻、电容和发光二极管，检测 74LS138 和 74LS161 的逻辑功能。用示波器检测振荡器的输出波形，观察其是否满足设计要求。

④系统联调。给整个系统上电，观察显示结果。如果不正常，则从振荡器起逐级检查逻辑功能。

(5) **总结报告**

①总结 8 路循环彩灯控制电路整体设计、安装与调试过程。要求有电路图、原理说明、电路所需元件清单、电路参数计算、元件选择、测试结果分析。

②分析安装与调试中发现的问题及故障排除的方法。

③设计心得体会。

4.4.2　课题 2:数字秒表的电路设计

数字秒表是一种采用数字电路实现“秒”数字显示的计时装置。可实现手控记秒、停摆和清零功能。

(1) **设计目的**

①掌握数字秒表的设计、组装与调试方法。

②熟悉集成电路的使用方法。

(2) **设计任务与要求**

1) 设计任务

设计一个能以两位数显示的数字秒表。

2) 设计要求

①两位数码显示功能，能够从“0”到“59”依次显示。

②具有手控记秒、停摆和清零功能。

3) 选做

自动报时，在 56 s 时，自动发出鸣响声，步长 1 s，每隔 1 s 鸣叫一次，前两响是低音，最后一响为高音，最后一响结束为下个循环开始。

(3) **数字秒表的基本原理及电路设计**

数字秒表由秒信号发生器、秒计数器、控制电路、译码电路及数码显示器 5 部分组成。秒信号发生器产生标准的秒脉冲信号，秒脉冲送入计数器计数，计数结果通过译码电路和数码显示器显示时间。数字秒表的整机逻辑框图如图 4.9 所示。

1)秒信号发生器及其控制电路

秒信号发生器及其控制电路如图4.10所示。由集成555定时器组成的多谐振荡期作为秒信号发生器,输出频率$f=1$ Hz的脉冲信号,R_1,R_2,C_1为定时元件,根据公式$f=1.4/(R_1+2R_2)C_1$选择其参数值。

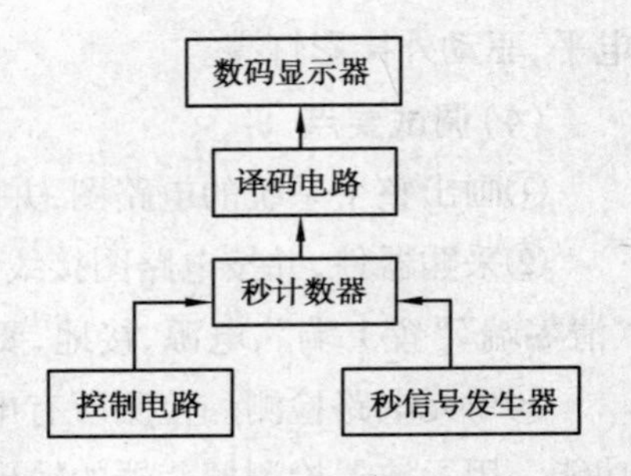

图4.9　数字秒表整机逻辑图

由门1,2构成的基本RS触发器及开关K_1、电阻R_3、R_4组成控制电路,为555定时器提供控制信号A,并能消除开关抖动造成的误差。当开关K_1置"1"端时,A为高电平,振荡器工作;当K_1置"0"时,A端为低电平,振荡器停振,同时控制秒计数器复零,以备下一次使用时从0开始计数。

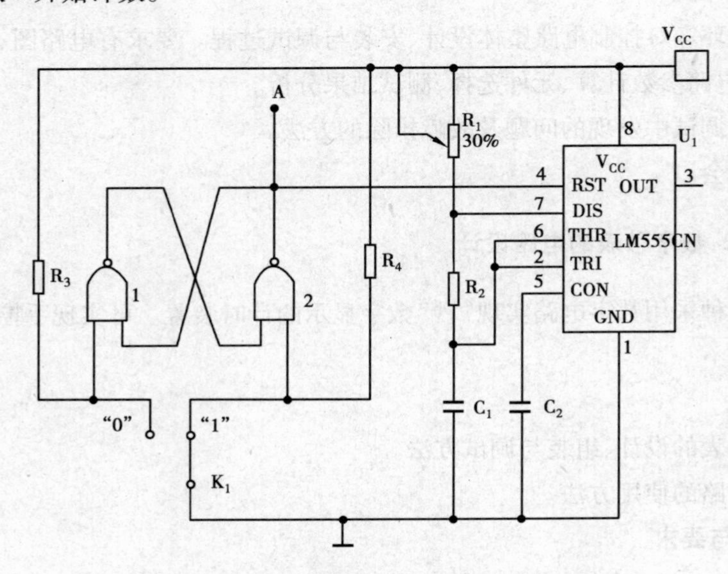

图4.10　秒信号发生器及其控制电路

2)秒计数器

秒计数器是六十进制计数器,可由2块十进制计数器反馈归零来实现。其电路如图4.11所示。图4.11中十进制计数器选用C180,与非门3,4构成反馈支路,来自控制电路的信号A接至门4的输入端,控制计数器的工作状态。当A为高电平时,门4的状态受门3控制,计数器按六十进制计数;当A为低电平时,门4输出高电平,计数器清零。

由门5,6和开关K_2组成实现计数器"停摆"功能的控制电路。当K_2为高电平时,秒信号输入计数器计数;当K_2为低平时,门6被封锁,计数器保持已计数状态。门5是为保证秒信号的下降沿触发计数器而设置的。

3)译码显示器

译码显示器是将BCD码译成7线输出以推动显示电路工作,显示电路则将译码输出信号进行显示,其电路如图4.12所示。图4.12中,译码器CT4003与LED数码管BS205为共阴极

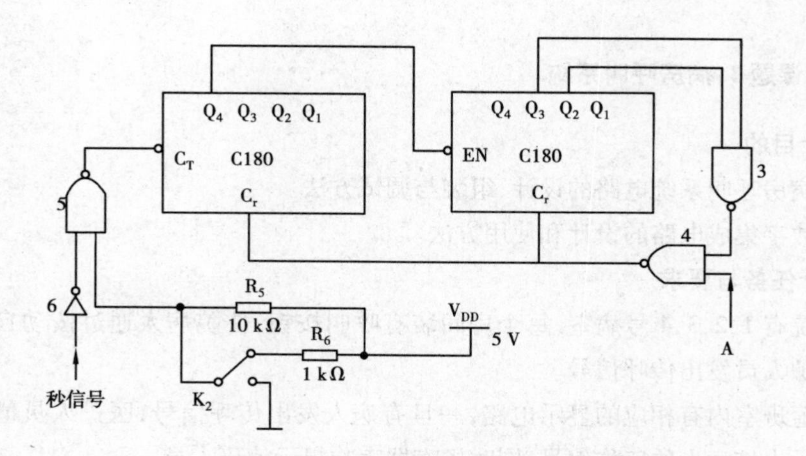

图4.11 秒计数器

接法，CT4003 的输入端 A，B，C，D 接秒计数器的输出端 Q_1，Q_2，Q_3，Q_4，输出端 a ~ g 的状态与输入端的数码相对应，高电平有效。当 a ~ g 中的某几个信号为高电平时，BS205 的相应段亮，输出低电平时相应段不亮。图 4.12 中，电源电压使用 5 V，译码与显示电路直接连接；若电源电压升高，需在 CT4003 输出端与 LED 输入端间接入电阻，其阻值随电压的变化而不同（10 V 时用 1 kΩ），以保证 LED 数码管每笔电流值为 10 ~ 15 mA，避免由于电压升高而使数码管电流过大而损坏。

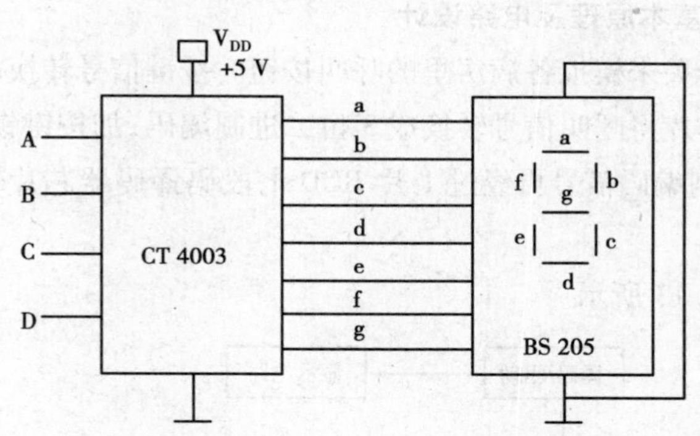

图4.12 译码显示器

（4）**调试要点**

①秒计数：将开关 K_1 接地，K_2 接高电平，显示器显示六十进制的时间计数数字，数字秒表工作正常。否则存在某些故障，应分别检查各级电路的输入输出状况，直到排除故障为止。

②停摆：开关 K_1 不动，将 K_2 接地，计数器停止计数，数码管保持原状态，显示某一数字。

③清零：开关 K_1 接高电平，秒信号发生器停振，计数器清零，显示器显示 0。

④校时：将秒表的计时速度与手表对照，调节电位器 R_1，使两者基本同速。

（5）**总结报告**

①总结数字秒表设计、安装与调试过程。

②分析安装与调试中发现的问题及故障排除的方法。

4.4.3 课题3:病房呼叫系统

(1)设计目的

①掌握病房呼叫系统电路的设计、组装与调试方法。

②熟悉数字集成电路的设计和使用方法。

(2)设计任务与要求

①某医院有1,2,3,4号病室,每个房间装有呼叫按钮,住院病人通过按动自己的床位按钮开关向医护人员发出传呼信号。

②护士值班室内有相应的显示电路,一旦有病人发出传呼信号,医护人员值班室设置的显示器即显示出该病人的床位编号,同时扬声器声响提示值班人员。

③1号病室的呼叫优先级别最高,其次是2号病室,4号病室最低。

④一个数码管显示呼叫信号的号码;没信号呼叫时显示0;有多个信号呼叫时,显示优先级别最高的呼叫号(其他呼叫号用指示灯显示)。

⑤医护人员处理完当前最高级别的呼叫后,按一次医生控制按键,系统会清除当前最高优先级别编号,显示次优先级别编号。以此类推,系统按优先级别从高到低依次显示其他呼叫病人的编号,当全部处理完后,系统默认显示零。

(3)病房呼叫系统基本原理及电路设计

该系统采用按键开关来模拟各病房里的呼叫按钮。按键信号转换成能显示的病房号0～4,用1片优先编码器芯片将呼叫信号转换成3位二进制编码;加按键锁存电路将该按键呼叫锁存保持住;3位二进制编码信号再经过1片BCD七段码译码器芯片转换成七段码,在LED数码管上显示病房号。

系统方框图如图4.13所示。

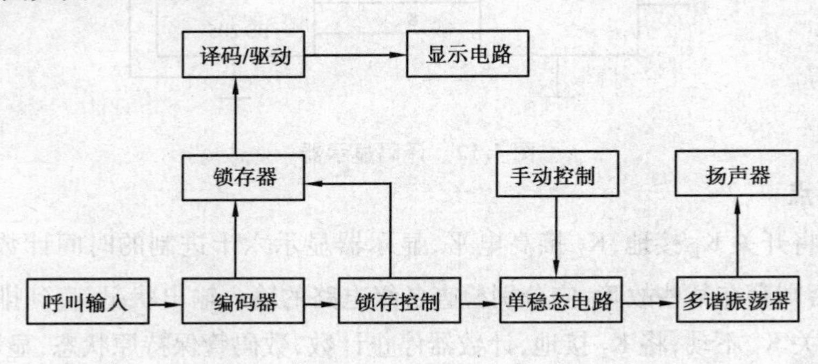

图4.13 系统方框图

(4)调试要点

①画出整机电路图,并列出所需器件清单。

②采购器件,并按电路图接线,认真检查电路是否正确,注意器件管脚的连接,“悬空端”“清零端”“置1端”要正确处理。

③每个病房设置一个按键;编码器可采用优先编码器。

④先进行编码、译码显示的调试,正常后再进行锁存控制、手动控制调试,最后是声音报警电路的调试。

⑤各单元电路均能正常工作后,即可进行总机调试。

(5)总结报告

①总结病房呼叫系统电路的设计、安装与调试过程。

②分析安装与调试中发现的问题及故障排除的方法。

4.4.4　课题 4:交通灯控制电路设计

由一条主干道和一条支干道的汇合点形成十字交叉路口,为确保车辆安全、迅速地通行,在交叉路口的每个入口处设置了红、绿、黄三色信号灯。红灯(R)亮表示该条道路禁止通行;黄灯(Y)亮表示停车;绿灯(G)亮表示允许通行。实现红、绿灯的自动指挥对城市交通管理现代化有着重要的意义。

(1)设计目的

①掌握交通灯控制电路的设计、组装与调试方法。

②熟悉数字集成电路的设计和使用方法。

(2)设计任务与要求

①用红、绿、黄三色发光二极管作信号灯。

②当主干道允许通行亮绿灯时,支干道亮红灯;而支干道允许亮绿灯时,主干道亮红灯。

③主支干道交替允许通行,主干道每次放行 30 s、支干道 20 s。设计 30 s 和 20 s 计时显示电路。

④在每次由亮绿灯变成亮红灯的转换过程中间,要亮 5 s 的黄灯作为过渡,以使行驶中的车辆有时间停到禁止线以外,设置 5 s 计时显示电路。

(3)交通灯控制电路基本原理及电路设计

实现上述任务的控制器整体结构如图 4.14 所示。

1)主控制器

主控电路是本课题的核心,它的输入信号来自车辆的检测信号和 30 s,20 s,5 s 这 3 个定时信号,它的输出一方面经译码后分别控制主干道和支干道的 3 个信号灯,另一方面控制定时电路启动。主控电路属于时序逻辑电路,可采用状态机的方法进行设计。

主控电路的输入信号如下:

主干道有车 A=1,无车 A=0;

支干道有车 B=1,无车 B=0;

主干道有车过 30 s 为 L=1,未过 30 s 为 L=0;

支干道有车过 20 s 为 S=1,未过 20 s 为 S=0;

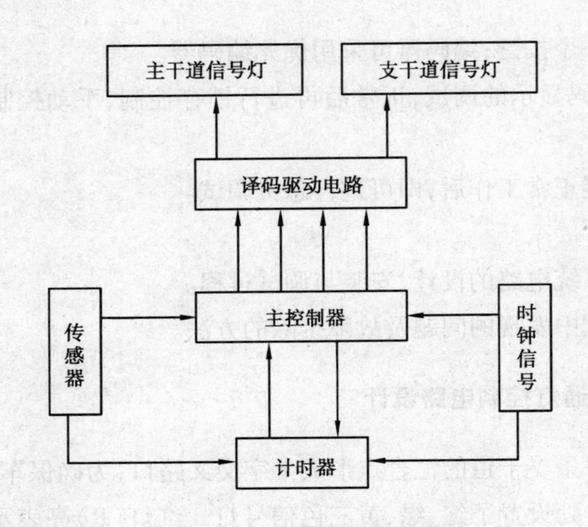

图 4.14　交通灯控制器结构图

黄灯亮过 5 s 为 P=1,未过 5 s 为 P=0。

主干道和支干道各自的 3 种灯(红、黄、绿),正常工作时,只有 4 种可能,即以下 4 种状态:

主绿灯和支红灯亮,主干道通行,启动 30 s 定时器,状态为 S_0;

主黄灯和支红灯亮,主干道停车,启动 5 s 定时器, 状态为 S_1;

主红灯和支绿灯亮,支干道通行,启动 20 s 定时器,状态为 S_2;

主红灯和支黄灯亮,支干道停车,启动 5 s 定时器,状态为 S_3。

上述 4 种状态的转换关系如图 4.15 所示。

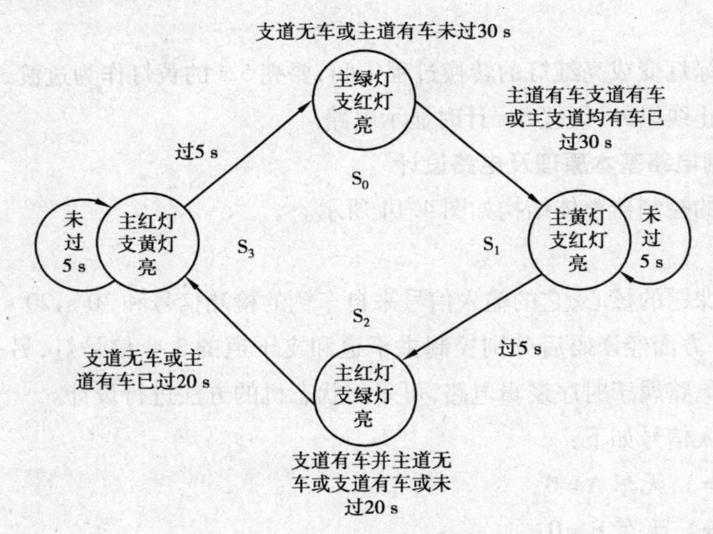

图 4.15　交通灯控制状态转换图

可用两个 JK 触发器表达上述 4 种状态的分配和转换。

2)计时器电路

这些计时器除需要秒脉冲作时钟信号外,还应受主控器的状态和传感器信号的控制。例如,30 s计时器应在主、支干道都有车,主控器进入 S_0 状态(主干道通行)时开始计时,等到30 s后往主控器送出信号(L=1)并产生复零脉冲使该计数器复零;同样,20 s计时器必须在主、支干道都有车,主控器进入 S_2 状态时开始计数,而5 s计时器则要在进入 S_1 或 S_3 状态时开始计数,待到规定时间分别输出S=1,P=1信号,并使计数器复零。设计中30 s计数器可采用两个十进制计数器T210级连成三十进制计数器,为使复零信号有足够的宽度,可采用基本RS触发器组成反馈复零电路。按同样的方法可设计出20 s和5 s计时电路,与30 s计时电路相比,后两者只是控制信号和反馈信号的引出端不同而已。

3)译码驱动电路

①信号灯译码电路

主控器的4种状态分别要控制主、支干道红黄绿灯的亮与灭。令灯亮为"1",灯灭为"0",主干道红黄绿灯分别为R,Y,G,支干道红黄绿灯分别为r,y,g,则信号灯译码电路真值表为表4.2:

表4.2　信号灯译码电路真值表

输入		输出					
Q_2	Q_1	R	Y	G	r	y	g
0	0	0	0	1	1	0	0
0	1	0	1	0	1	0	0
1	0	1	0	0	0	1	0
1	1	1	0	0	0	0	1

由真值表可进一步得到各灯的逻辑表达式,进而确定其电路形式。

②计时显示译码电路

计时显示实际是一个定时控制电路,当30 s,20 s,5 s任一计数器计数时,在主支干道各自可通过数码管显示出当前的计数值。计数器输出的七段数码显示用BCD码七段译码器驱动即可,具体设计可参考电子数字钟的译码、显示部分。

4)时钟信号发生器电路

产生稳定的"秒"脉冲信号,确保整个电路装置同步工作和实现定时控制。此电路与数字钟的秒脉冲信号产生电路相同,可参阅其中晶体振荡电路、分频电路的设计。如果计时精确度要求不高,也可采用RC环形多谐振荡器。

5)传感器

设计中用开关代替传感器,主干道有车A=1,无车A=0;支干道有车B=1,无车B=0。

(4)调试要点

①画出整机电路图,并列出所需器件清单。

②采购器件，并按电路图接线，认真检查电路是否正确，注意器件管脚的连接，"悬空端""清零端""置 1 端"要正确处理。

③秒脉冲信号发生器和计时电路的调试与课题 2 数字秒表的电路设计相同。

④主控器电路的调试，可用逻辑开关 S_1，S_2，S_3，S_4，S_5 分别代替 A，B，L，S，P 信号，秒脉冲作时钟信号，在 S_1—S_5 不同状态时，主控器状态应按状态转换图转换。

⑤如果以上逻辑关系正确，即可与计时器输出 L，S，P 相接，进行动态调试。此时，A，B 信号仍用逻辑开关 S_1，S_2 代替。

⑥信号灯译码调试也是如此，先用两个逻辑开关代替 Q_2，Q_1，当 Q_2，Q_1 分别为 00，01，10，11 时，6 只发光二极管应按设计要求发光。

⑦各单元电路均能正常工作后，即可进行总机调试。

(5)**总结报告**

①总结交通灯控制电路的设计、安装与调试过程。

②分析安装与调试中发现的问题及故障排除的方法。

4.4.5 课题 5：简易数字频率计电路设计

数字频率计是用数字显示被测信号频率的仪器，被测信号可以是正弦波、方波或其他周期性变化的信号。如配以适当的传感器，可对多种物理量进行测试，如机械振动的频率、转速、声音的频率及产品的计件等。因此，数字频率计是一种应用很广泛的仪器。

(1)**设计目的**

①了解数字频率计测量频率与测量周期的基本原理。

②熟练掌握数字频率计的设计与调试方法及减小测量误差的方法。

(2)**设计任务与要求**

要求设计一个简易的数字频率计，测量给定信号的频率，并用十进制数字显示。其具体指标如下：

①测量范围：

1 Hz ~ 9.999 kHz，闸门时间 1 s；

10 Hz ~ 99.99 kHz，闸门时间 0.1 s；

100 Hz ~ 999.9 kHz，闸门时间 10 ms；

1 kHz ~ 9 999 kHz，闸门时间 1 ms；

②显示方式：4 位十进制数。

③当被测信号的频率超出测量范围时报警。

(3)**数字频率计基本原理及电路设计**

所谓频率，就是周期性信号在单位时间（1 s）内变化的次数。若在一定时间间隔 T 内测得这个周期性信号的重复变化次数为 N，则其频率可表示为

$$f_x=\frac{N}{T}$$

因此，可将信号放大整形后由计数器累计单位时间内的信号个数，然后经译码、显示输出测量结果，这是所谓的测频法。由此可知，数字频率计主要由放大整形电路、闸门电路、计数器电路、锁存器、时基电路、逻辑控制及译码显示电路组成。总体结构如图4.16所示。

从原理图图4.16可知，被测信号 V_x 经放大整形电路变成计数器所要求的脉冲信号Ⅰ，其频率与被测信号的频率 f_x 相同。时基电路提供标准时间基准信号Ⅱ，具有固定宽度 T 的方波时基信号Ⅱ作为闸门的一个输入端，控制闸门的开放时间，被测信号Ⅰ从闸门另一端输入，被测信号频率为 f_x，闸门宽度为 T，若在闸门时间内计数器计得的脉冲个数为 N，则被测信号频率为

$$f_x=\frac{N}{T}\quad \text{Hz}$$

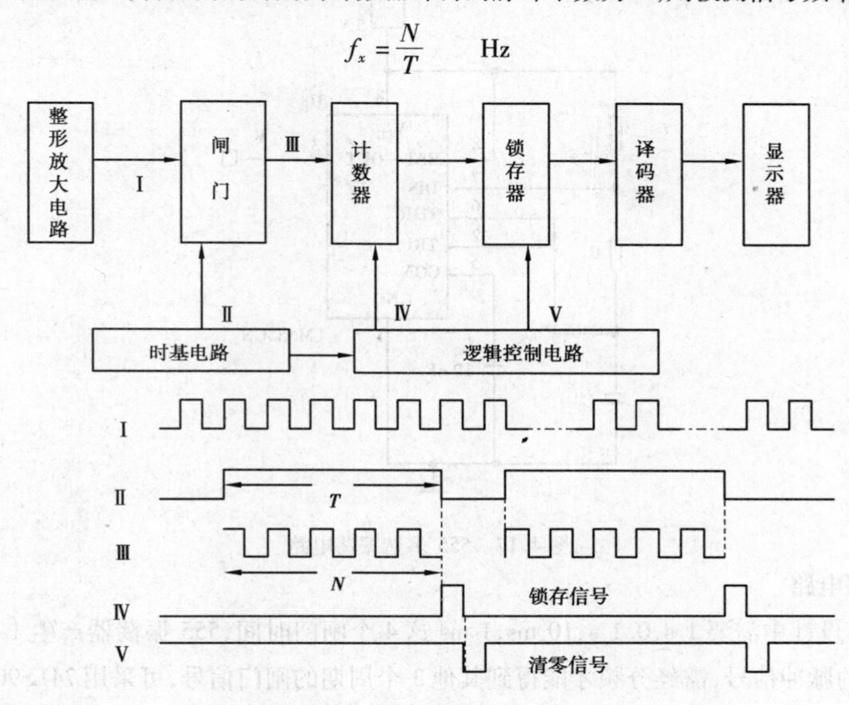

图4.16　数字频率计原理图

可见，闸门时间 T 决定量程，通过闸门时基选择开关时间，选择 T 大一些，测量准确度就高一些；选择 T 小一些，则测量准确度就低。根据被测频率选择闸门时间来控制量程。在整个电路中，时基电路是关键，闸门信号脉冲宽度是否精确直接决定测量结果是否精确。逻辑控制电路的作用有两个：一是产生锁存脉冲Ⅳ，使显示器上的数字稳定；二是产生清“0”脉冲Ⅴ，使计数器每次测量从零开始计数。

1）放大整形电路

放大整形电路可采用晶体管3DG100和74LS00，其中，3DG100组成放大器将输入频率为 f_x 的周期信号如正弦波、三角波等进行放大；与非门74LS00构成施密特触发器，它对放大器的输出信号进行整形，使之成为矩形脉冲。

2)时基电路

时基电路的作用是产生标准的时间信号,可以由555组成的振荡器产生,若时间精度要求较高时,可采用晶体振荡器。由555定时器构成的时基电路包括脉冲产生电路和分频电路两部分。

①555多谐振荡电路产生时基脉冲

采用555产生1 000 Hz振荡脉冲的参考电路如图4.17所示。电阻参数可由振荡频率计算公式$f=1.4/(R_1+2R_2)\times C_1$求得。

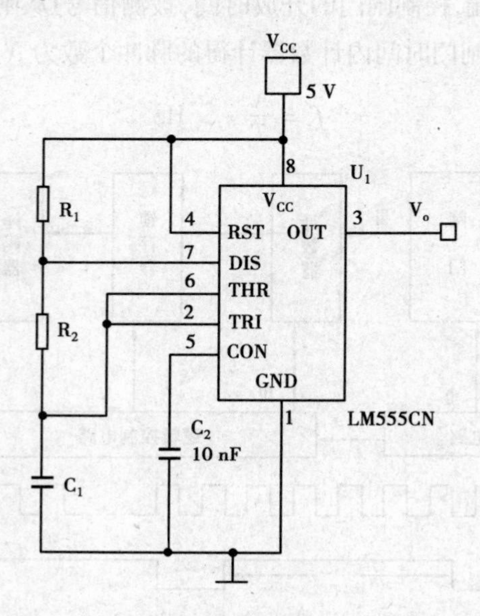

图4.17　555多谐振荡电路

②分频电路

由于本设计中需要1 s,0.1 s,10 ms、1 ms这4个闸门时间,555振荡器产生1 000 Hz,周期为1 ms的脉冲信号,需经分频才能得到其他3个周期的闸门信号,可采用74LS90分别经过一级、二级、三级10分频得到。

3)逻辑控制电路

在时基信号Ⅱ结束时产生的负跳变用来产生锁存信号Ⅳ,锁存信号Ⅳ的负跳变又用来产生清零信号Ⅴ。脉冲信号Ⅳ和Ⅴ可由两个单稳态触发器74LS123产生,它们的脉冲宽度由电路的时间常数决定。触发脉冲从B端输入时,在触发脉冲的负跳变作用下,输出端Q可获得一正脉冲, Q′端可获得一负脉冲,其波形关系正好满足Ⅳ和Ⅴ的要求。手动复位开关S按下时,计数器清零。其参考电路如图4.18所示。

4)锁存器

锁存器的作用是将计数器在闸门时间结束时所计得的数进行锁存,使显示器上能稳定地显示此时计数器的值。闸门时间结束时,逻辑控制电路发出锁存信号Ⅳ,将此时计数器的值

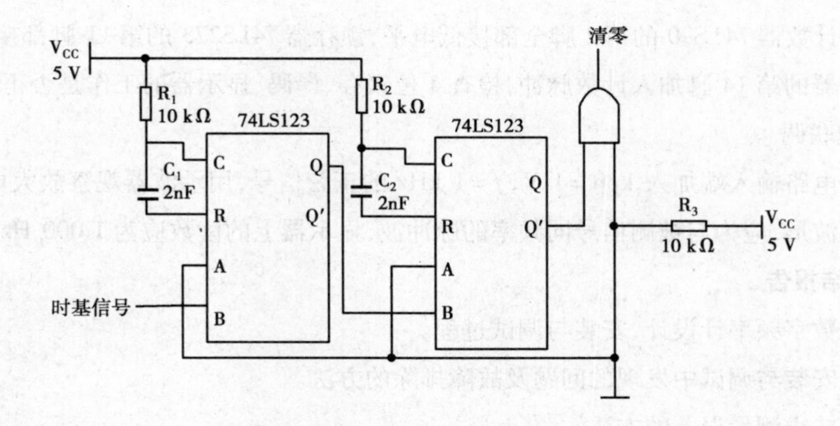

图4.18　数字频率计逻辑控制电路

送译码显示器。选用8D锁存器74LS273可以完成上述功能。当时钟脉冲CP的正跳变来到时,锁存器的输出等于输入,即 $Q=D$。从而将计数器的输出值送到锁存器的输出端。正脉冲结束后,无论 D 为何值,输出端Q的状态仍保持原来的状态 Q^n 不变。因此,在计数期间内,计数器的输出不会送到译码显示器。

5)报警电路

本设计要求用4位数字显示,最高显示为9999。超过9999就要求报警,即当千位达到9(即1001)时,如果百位上再来一个时钟脉冲(即进位脉冲),就可利用此来控制蜂鸣器报警。其电路如图4.19所示。

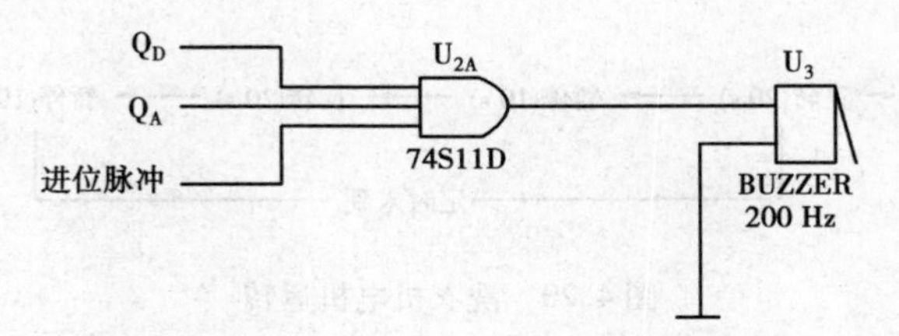

图4.19　数字频率计报警电路

(4)调试要点

1)通电准备

打开电源之前,先按照系统原理图检查制作好的电路板的通断情况,并取下电路板上的集成块,然后接通电源,用万用表检查板上的各点电源电压值,之后再关掉电源,插上集成块。

2)单元电路检测

接通电源后,用双踪示波器(输入耦合方式置DC挡)观察时基电路的输出波形,观察其是否满足设计要求,若不符合,则调整 R_1 和 R_2。然后改变示波器的扫描速率旋钮,观察74LS123的第13脚和第10脚的波形是否为锁存脉冲Ⅳ和清零脉冲Ⅴ的波形。

将4片计数器74LS90的第2脚全部接低电平，锁存器74LS273的第11脚都接时钟脉冲，在个位计数器的第14脚加入计数脉冲，检查4位锁存、译码、显示器的工作是否正常。

3）系统联调

在放大电路输入端加入 $Vpp=1$ V，$f=1$ kHz 的正弦信号，用示波器观察放大电路和整形电路的输出波形，应为与被测信号同频率的脉冲波，显示器上的读数应为1 000 Hz 。

（5）总结报告

①总结数字频率计设计、安装与调试过程。

②分析安装与调试中发现的问题及故障排除的方法。

③分析减小测量误差的方法。

4.4.6 课题6：洗衣机控制电路设计

（1）设计目的

①掌握洗衣机控制电路的设计、组装与调试方法。

②熟悉数字和模拟集成电路的设计和使用方法。

（2）设计任务与要求

设计制作一个洗衣机控制器，使其具有以下功能：

①采用中小规模集成芯片设计洗衣机的控制定时器，控制洗衣机电机运转如图4.20所示。

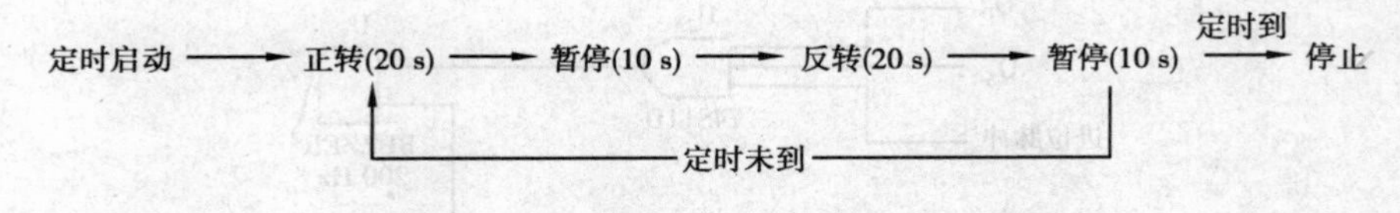

图4.20 洗衣机电机运转

②洗涤电机用两个继电器控制。

③用二位数码管显示洗涤的预置时间（分钟数），按倒计时方式对洗涤过程作计时显示，直至时间到而停机。

④当定时时间到达终点时，一方面使电机停转，同时发出音响信号提醒用户注意。

⑤洗涤过程在送入预置时间后即开始运转。

⑥能够设置洗涤过程开始时间（选做）。

（3）洗衣机控制电路原理及电路设计

实现上述功能的洗衣机控制电路原理图如图4.21所示。

1）电机驱动电路

采用两个继电器控制电机的驱动电路如图4.22所示，洗涤定时时间在0～20 min内用户

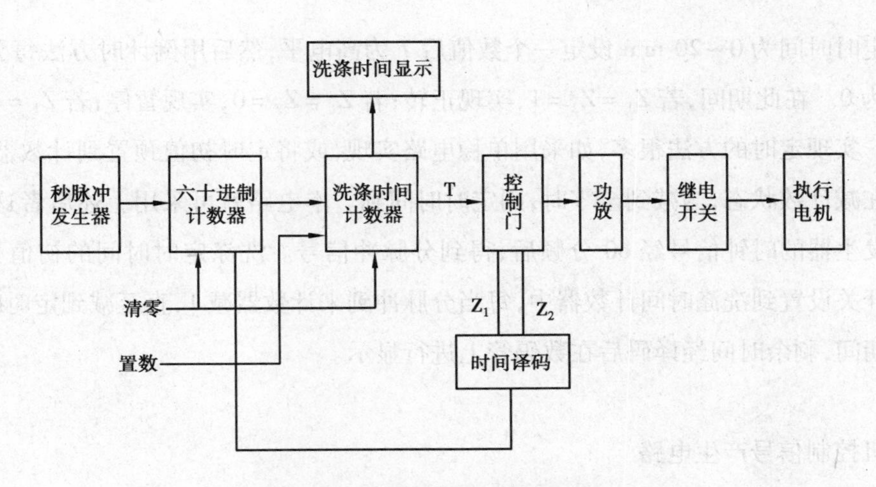

图4.21　洗衣机控制电路原理图

任意设定。

2)两级定时电路

本定时器包括两级定时:一是总洗涤过程的定时;二是在总洗涤过程中包含电机的正转、反转和暂停3种定时,并且这3种定时是反复循环直至总定时时间到为止。驱动电路控制表见表4.3。由驱动电路控制表可得,总定时T和电机驱动信号Z_1和Z_2的工作波形如图4.23所示。

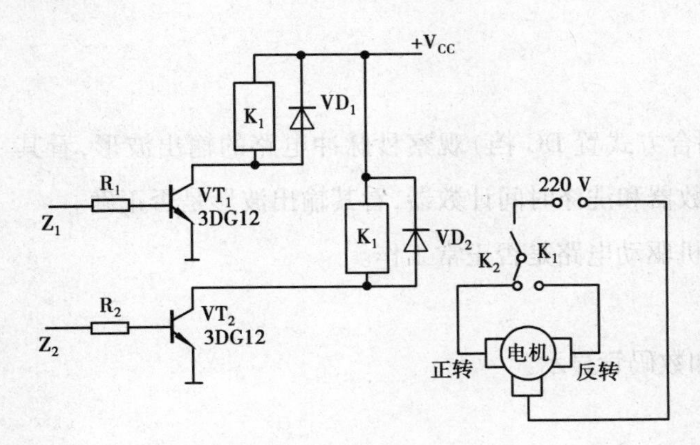

图4.22　洗衣机电机驱动电路

表4.3　驱动电路控制表

Z_1	Z_2	K_1	K_2	电机
1	1	动作	动作	正转
0	0	不动	不动	停止
1	0	动作	不动	反转
0	1	不动	动作	停止

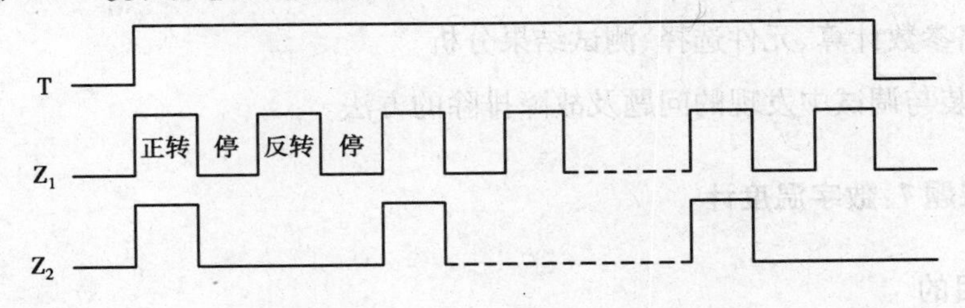

图4.23　定时器信号周期时序图

当总定时时间为0～20 min设定一个数值后T为高电平，然后用倒计时方法每分钟减1，直至T变为0。在此期间，若$Z_1=Z_2=1$，实现正转；若$Z_1=Z_2=0$，实现暂停；若$Z_1=1$，$Z_2=0$，实现反转。实现定时的方法很多，如采用单稳电路实现，或将定时初值预置到计数器中，使计数器运行在减计数状态，当减到全零时，则定时时间到。本电路就可采用上述后者这种方法。当秒脉冲发生器的时钟信号经60分频后，得到分脉冲信号。洗涤定时时间的初值先通过拨盘或数码开关设置到洗涤时间计数器中，每当分脉冲到来计数器减1，直至减到定时时间到为止。运行期间，剩余时间经译码后在数码管上进行显示。

3）电机控制信号产生电路

由于Z_1和Z_2的定时长度可分解为10 s的倍数，由秒脉冲到分脉冲变换的六十进制计数器的状态中可以得到Z_1、Z_2定时的信号，经译码后得到Z_1和Z_2所示波形信号，这两个信号以及定时信号T经控制门输出后，得到推动电机的工作信号。

（4）调试要点

1）通电准备

打开电源之前，先按照系统原理图检查制作好的电路板的通断情况，并取下电路板上的集成块，然后接通电源，用万用表检查板上的各点的电源电压值，完好之后再关掉电源，插上集成块。

2）单元电路检测

接通电源后，用双踪示波器（输入耦合方式置DC挡）观察秒脉冲电路的输出波形，看其是否满足设计要求，再观察六十进制计数器和洗涤时间计数器，看其输出波形是否正确。

检查Z_1和Z_2的时间译码逻辑和电机驱动电路是否正常工作。

3）系统联调

设定洗涤时间，观察电机运转情况和数码管显示。

（5）总结报告

①总结洗衣机控制电路整体设计、安装与调试过程。要求有电路图、原理说明、电路所需元件清单、电路参数计算、元件选择、测试结果分析。

②分析安装与调试中发现的问题及故障排除的方法。

4.4.7 课题7：数字温度计

（1）设计目的

①掌握数字温度计的设计、组装与调试方法。

②熟悉温度传感器、模拟集成电路、AD 转换器的设计和使用方法。

(2)设计任务与要求

设计一个测试温度范围为 0～100 ℃的数字温度计。具体要求如下:

①查阅资料选择温度传感器。

②设计温度测量电路(确定温度与电压之间的转换关系)。

③设计温度显示电路(显示的数字应反映被测量的温度)。

④画出数字温度计电路图,读数范围 0～100 ℃,读数稳定。

(3)数字温度计基本原理及电路设计

数字温度计一般由温度传感器、放大电路、模数转换、译码显示等部分组成。如图 4.24 所示为数字温度计的原理图。

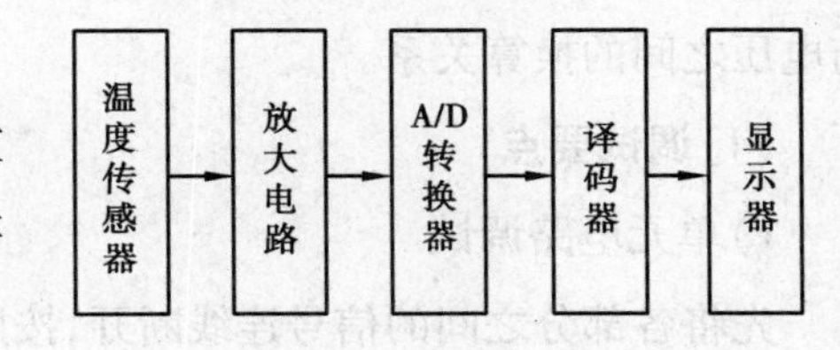

图 4.24　数字温度计的原理图

1)温度传感器

温度是最普通最基本的物理量,用电测法测量温度时,首先要通过温度传感器将温度转换成电量,温度传感器有热膨胀式(双金属元件和水银柱开关)、温差电势效应电压式(热电偶)、电阻效应式电阻温度计(有铂、镍及镍铁合金和热敏电阻)、半导体感受式(测温电阻、二极管和集成电路器件如 AD590)。

AD590 是一种单片集成的两端式温度敏感电流源。它有金属壳,小型的扁平封装芯片和不锈钢等封装方式。它是一个电流源,所流过电流的数值(μA 级)等于绝对温度(Kelvin)的变数,其激励电压为 +4 ～ +30 V,适用的温度范围为 -55 ～ +110 ℃。如图 4.25 所示为应用示例图。

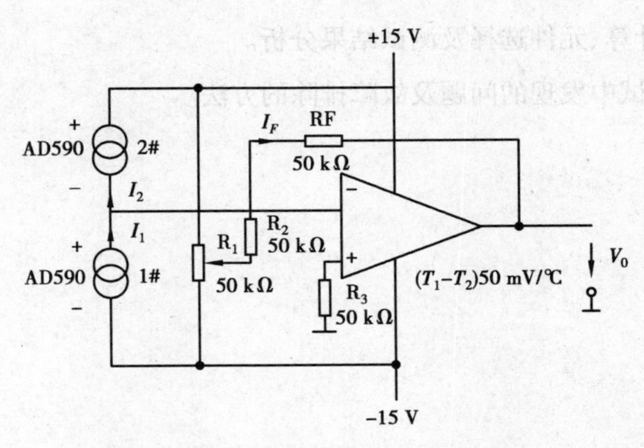

图 4.25　AD590 应用示例

2)温度的测量

在测量温度时,AD590 往往要接到需要电压输入的系统中,图 4.25 是用两个 AD590 和一个运算放大器进行温度测量的基本电路,其输出电压 $V_o=(T_1-T_2)50$ mv/℃,若 $T_2=0$ ℃,则为待测温度;当 $T_1=T_2$ 时,由于 AD590 之间的失配或者有小的温度差,用电阻 R_1 和 R_2 能够调整偏置。

3)温度的数字显示

运算放大器输出电压需经 A/D 转换、译码器送至数码管显示。应注意显示的温度数值与电压之间的换算关系。

(4)调试要点

1)单元电路调试

先将各部分之间的信号连线断开,按照各部分功能及指标要求调试各个部分电路。

2)综合调试

各单元电路全部调试完后,再进行综合调试。给温度传感器加温和降温,数码显示管显示值应有相应的变化。

3)定标

传感器放入冰水混合物中,观察 LED 数码显示值,调试电路使之为零。之后将传感器放入沸水中,观察数码显示值,调试电路使之显示为 100。可以在 0 ~ 100 ℃再找两个温度点进行验证。

(5)总结报告

①总结数字温度计电路整体设计、安装与调试过程。要求有电路图、原理说明、电路所需元件清单、电路参数计算、元件选择及测试结果分析。

②分析安装与调试中发现的问题及故障排除的方法。

4.5　实验报告和课程设计报告

4.5.1　学生实验报告封面和内容

××大学×××学院

学生实验报告

实验课程名称＿＿＿＿＿＿＿＿＿＿＿＿＿＿＿＿＿＿＿＿＿＿

开 课 实 验 室＿＿＿＿＿＿＿＿＿＿＿＿＿＿＿＿＿＿＿＿＿＿

学　　　院＿＿＿＿＿＿＿＿＿＿**年　级**＿＿＿＿＿＿＿＿＿＿

专　　　业＿＿＿＿＿＿＿＿＿＿＿＿＿＿＿＿＿＿＿＿＿＿

学 生 姓 名＿＿＿＿＿＿＿＿＿＿**学　号**＿＿＿＿＿＿＿＿＿＿

开 课 时 间＿＿＿＿＿＿＿＿＿＿**至**＿＿＿＿**学年第**＿＿＿＿**学期**

总成绩	
教师签名	

实验时间				实验项目类型				
课程名称		实验项目名称		验证	演示	综合	设计	其他
指导教师		成绩						

一、实验目的

二、实验原理

三、使用仪器、材料

四、实验步骤及内容

五、实验过程原始记录(数据、波形、计算及结果等)

六、实验结果分析

4.5.2 课程设计报告封面和内容格式

× ×大学× × ×学院

（二号，楷体，加粗，居中）

课 程 设 计 报 告

（一号，宋体，加粗，居中）

课程名称：______________________

专　　业：______________________

班　　级：______________________

学　　号：______________________

姓　　名：______________________

指导教师：______________________

设计时间：______________________

评定成绩：______________________

（以上小二号，宋体，加粗，行距40磅）

设计课题题目:________________________

（三号,黑体,居中）

（空一行）

一、设计任务与要求（大标题均为四号,黑体）

1. ……（小标题和正文均为小四号,宋体,行距1.5倍）

2. ……

二、课题分析与方案选择

（首段,对设计要求的总体分析）

方案一:……

方案二:……

方案比较:……

三、单元电路分析与设计

1. 原理分析

2. 仿真分析（有仿真电路图）

3. 电路设计计算

四、总原理图及元器件清单

1. 总原理图（含元件标号与型号）

2. 元件清单（表格内,5号,宋体）

序　号	型　号	主要参数	数量	备注

五、安装与调试

1. 调试过程描述（一般分静态调试与动态调试两大内容）

2. 实物照片

六、性能测试与分析

（要围绕设计要求中的各项指标进行）

七、结论与心得

八、参考文献

[1] 作者姓名. 书名[文献类别代号]. 出版社地址:出版社,出版年份(小五号,宋体).

附　录

附录1　TTL 集成电路常识

(1)TTL 集成电路分类、推荐工作条件

1)TTL 集成电路分类

54 系列:军用产品。

74 系列:民用产品。

	国际标准	国家标准	类　型
TTL 系列	54/74	CT1000	标准型
	54/74L	CT2000	低功耗
	54/74S	CT3000	肖特基
	54/74LS	CT4000	低功耗肖特基
	54/74AS		先进肖特基
	54/74ALS		先进低功耗肖特基
	54/74F		快速
	54/74HC		高速 CMOS

2)推荐工作条件

参数	54,54S,54LS,74,74S,74LS			54ALS,74ALS			54F,74F			单　位
	最小值	典型值	最大值	最小值	典型值	最大值	最小值	典型值	最大值	
V_{CC}	4.5	5	5.5	4.5	5	5.5	4.5	5	5.5	V
VIH	2			2			2			V
VIL			0.8			0.8			0.8	V

续表

参数	54,54S,54LS,74,74S,74LS			54ALS,74ALS			54F,74F			单位
	最小值	典型值	最大值	最小值	典型值	最大值	最小值	典型值	最大值	
IOH			-0.4			-1			0.4	mA
IOL			4(74为8)			20(74为22)			16(74为24)	mA
TA	-55(74为0)		125(74为70)	-55(74为0)		125(74为70)	-55(74为0)		125(74为70)	℃

(2)TTL **集成电路型号与命名**

1)中国国际 nL 型号命名法(直接国际标准法) CT54/74 系列

我国的 CT54/74 系列与国际 54/74 系列完全一致。CT54/74 系列 TTL 电路(以下简称器件)型号的各组成部分的符号及意义如下:

第〇部分		第一部分		第二部分		第三部分		第四部分	
用字母表示器件符合国家标准		用字母表示器件的类型		用字母和阿拉伯数字表示器件的系列和品种代号		用字母表示器件的工作温度范围		用字母表示器件的封装	
符号	意义	符号	意义	符号	意义	符号	意义	符号	意义
C	符合国家标准	T	TTL电路	74	国际通用74系列	C	0 ~ +70 ℃ 只出现在74系列	W	陶瓷扁平
								B	塑料扁平
								F	全密封扁平
				54	国际通用54系列			D	陶瓷直插
				(空白)	标准系列	M	-50 ~ -125 ℃ 只出现在54系列	P	塑料直插
				H	高速系列			J	黑陶瓷直插
				S	肖特基系列				
				LS	低功耗肖特基系列				
				阿拉伯数字	品种代号				

例如：$\frac{\text{C}\quad\text{T}\quad\text{74LS157}\quad\text{C}\quad\text{J}}{(0)(1)\quad(2)\quad(3)(4)}$

意义是国产，TTL电路，与国际74系列通用、低功耗肖特基系列、四2选1数据选择器，工作温度范围0～+70℃，黑陶瓷直插型封装。

2）中国国际TrL型号命名法（间接国际标准法） CT0000系列

CT0000系列与54/74系列一致。CT0000系列TTL电路（以下简称器件）型号的各组成部分的符号及意义如下：

第○部分		第一部分		第二部分		第三部分		第四部分	
用字母表示器件符合国家标准		用字母表示器件的类型		用阿拉伯数字表示器件的系列和品种代号		用字母表示器件的工作温度范围		用字母表示器件的封装	
符号	意义	符号	意义	符号	意义	符号	意义	符号	意义
C	符合国家标准	T	TTL电路	1000	标准系列 与CT54/74系列相同	C	0～+70 ℃	W	陶瓷扁平
						M	-50～+125 ℃	B	塑料扁平
								F	全密封扁平
				2000	高速系列 与CT54H/74H系列相同			D	陶瓷直插
								P	塑料直插
				3000	肖特基系列 与CT54S/74S系列相同			J	黑陶瓷直插
				4000	低功耗肖特基系列 与CT54LS/74LS系列相同				
				后三位数字	品种代号				

例如：$\frac{\text{C}\quad\text{T}\quad 3157\quad\text{C}\quad\text{J}}{(0)(1)(2)(3)(4)}$

意义是国产，TTL 电路，肖特基系列、四 2 选 1 数据选择器，工作温度范围 0 ~ +70 ℃，与国际 74 系列通用，黑陶瓷直插型封装。

3）SN54/74 系列

SN54/74 系列为美国德克萨斯（TEXAS）公司产品。其型号的各组成部分的符号及意义如下：

①公司代号

SN　德克萨斯公司生产的标准电路

②工作温度范围

74：0 ~ +70 ℃。

54：-55 ~ +125 ℃。

③系列代号

（空白）：标准系列。

H：高速系列。

S：肖特基系列。

LS：低功耗肖特基系列。

AS：先进的肖特基系列。

ALS：先进的低功耗肖特基系列。

④品种代号

例如，194　四位双向移位寄存器。

⑤封装代号

J：陶瓷直插。

N：塑料直插。

T：金属扁平。

W：陶瓷扁平。

⑥国内外 54/74 型号对照

中国	CT54/74	SIGNETICS	54/74
CT4000	NATIONAL	DM	54/74
TEXAS	SN54/74	日立	HD74
MOTOROLA	MC54/74	三菱	M74LS
FAIRCHILD	54/74	SGS	54/74

附录2 芯片管脚及功能介绍

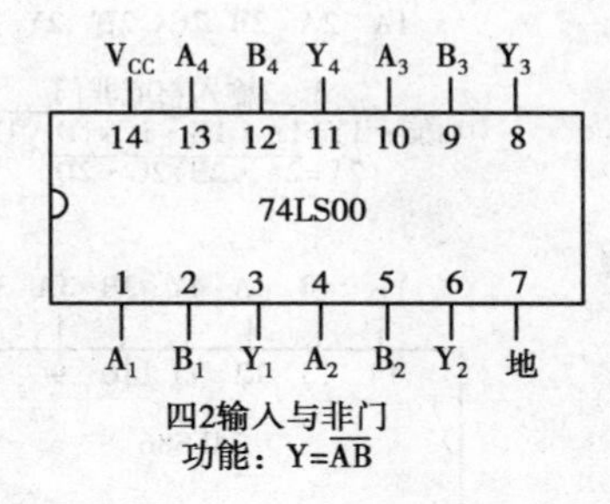

四2输入与非门

功能：$Y=\overline{AB}$

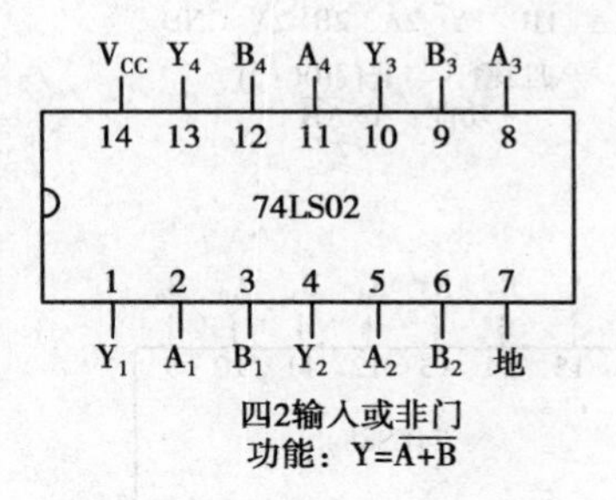

四2输入或非门

功能：$Y=\overline{A+B}$

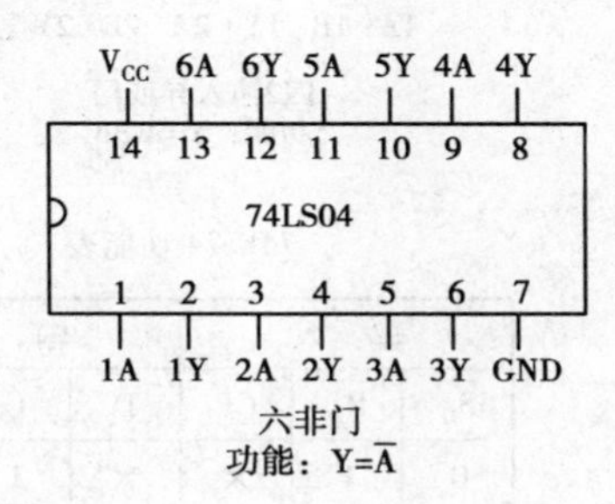

六非门

功能：$Y=\overline{A}$

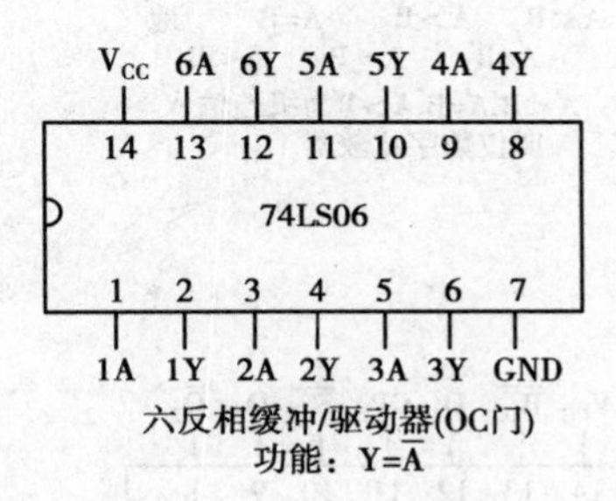

六反相缓冲/驱动器(OC门)

功能：$Y=\overline{A}$

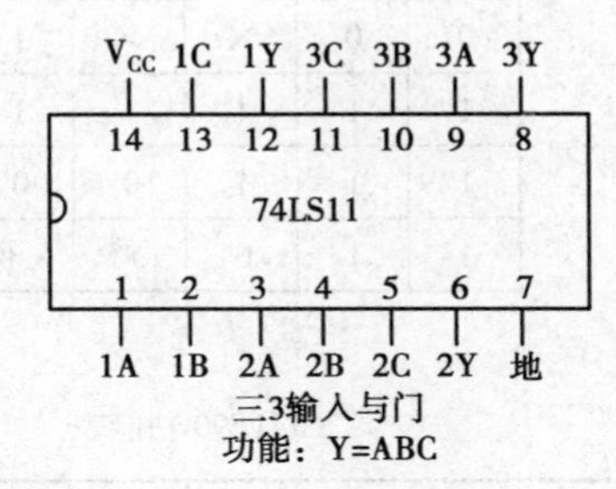

三3输入与门

功能：Y=ABC

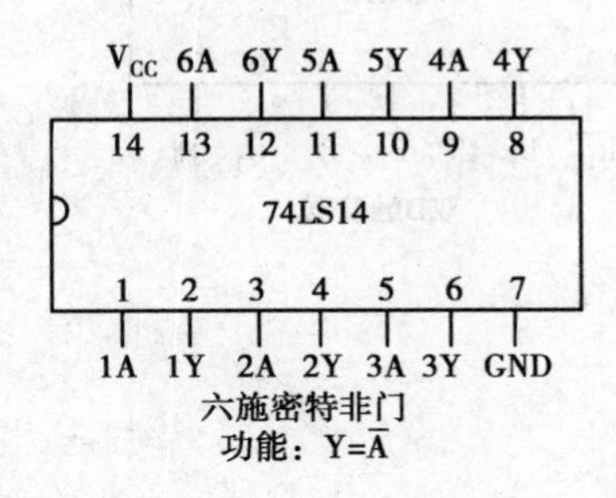

六施密特非门

功能：$Y=\overline{A}$

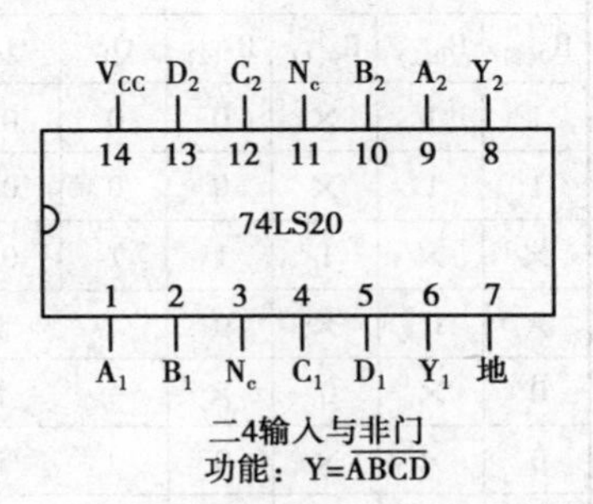

二4输入与非门

功能：$Y=\overline{ABCD}$

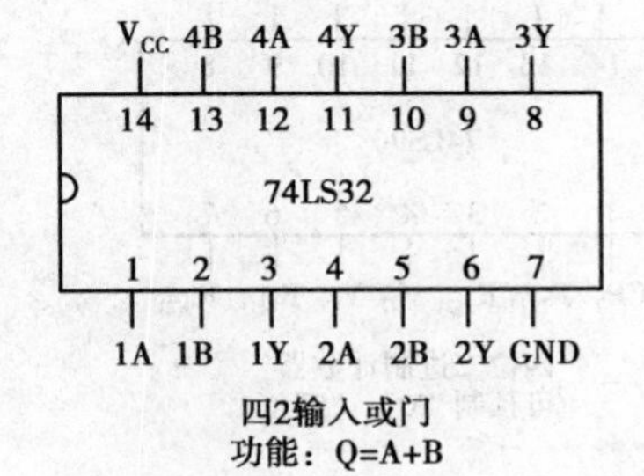

四2输入或门

功能：Q=A+B

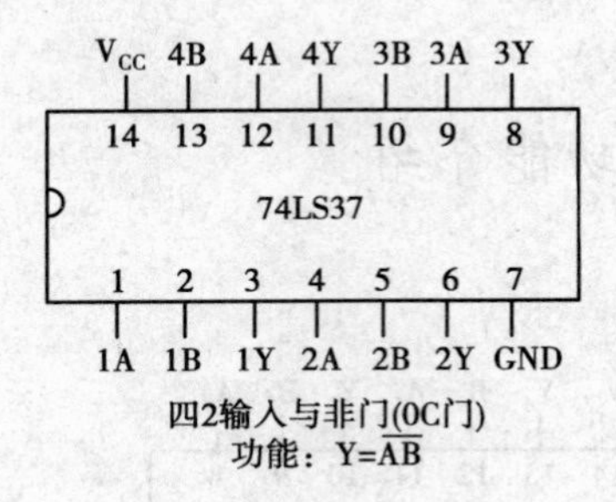

四2输入与非门(0C门)

功能：$Y=\overline{AB}$

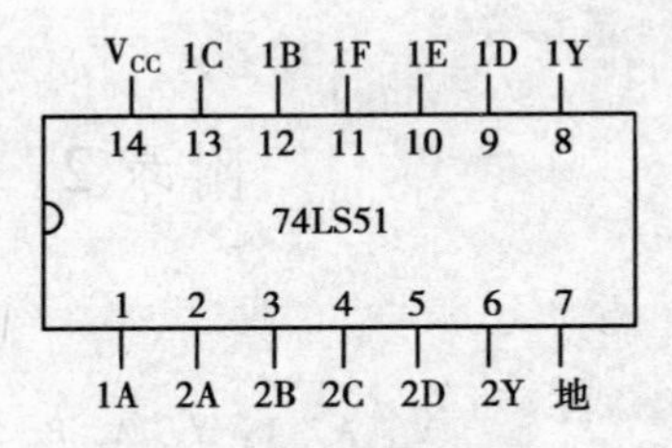

3，2输入与或非门

功能：$1Y=\overline{1A\cdot 1B\cdot 1C+1D\cdot 1E\cdot 1F}$

$2Y=\overline{2A\cdot 2B+2C\cdot 2D}$

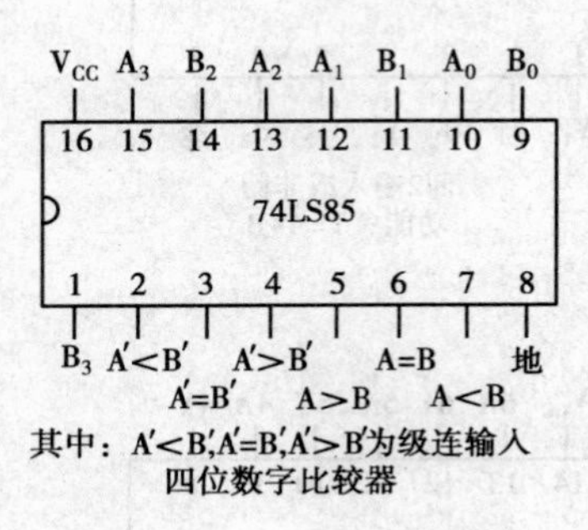

其中：$A'<B'$,$A'=B'$,$A'>B'$为级连输入

四位数字比较器

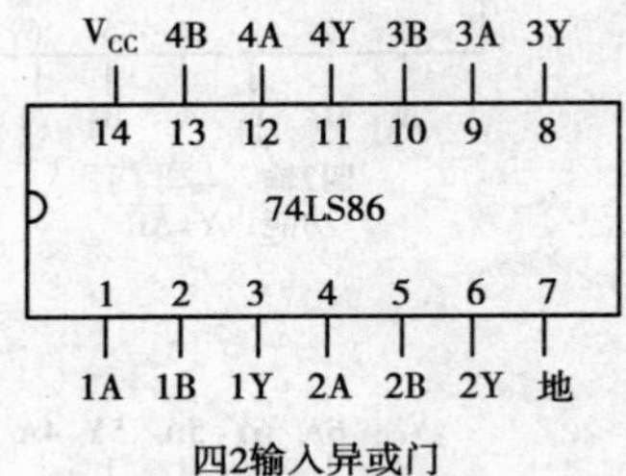

四2输入异或门

功能：$Y=A\oplus B$

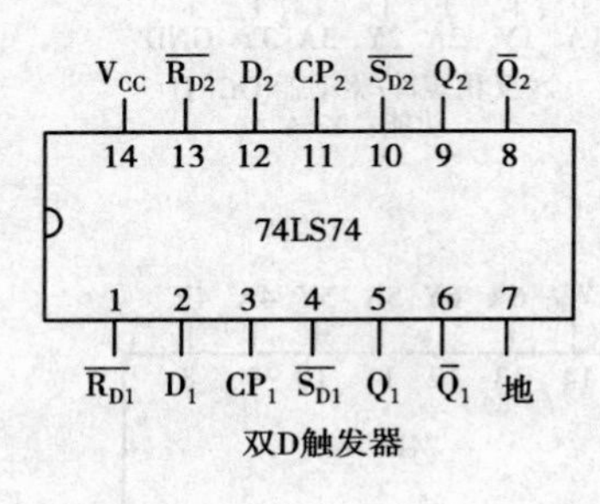

双D触发器

74LS74 功能表

输　入				输　出	
$\overline{S_D}$	$\overline{R_D}$	CP	D	Q	$\overline{Q}$
0	1	×	×	1	0
1	0	×	×	0	1
0	0	×	×	1	1
1	1	↑	1	1	0
1	1	↑	0	0	1
1	1	0	×	保　持	

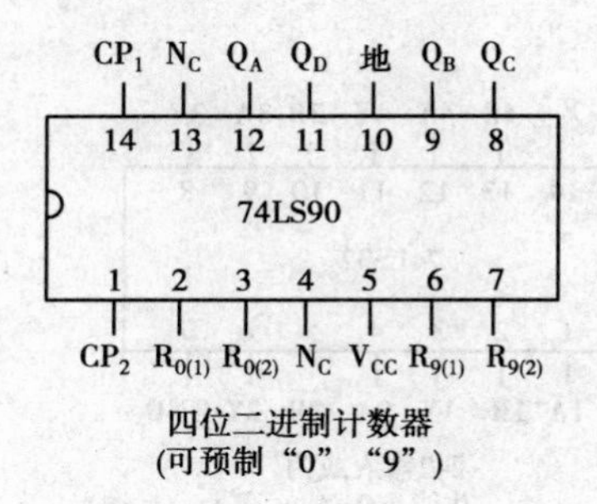

四位二进制计数器

(可预制“0”“9”)

74LS90 功能表

输　入				输　出			
$R_{0(1)}$	$R_{0(2)}$	$R_{9(1)}$	$R_{9(2)}$	Q_D	Q_C	Q_B	Q_A
1	1	×	0	0	0	0	
1	1	×	0	0	0	0	0
×	×	1	1	1	0	0	1
×	0	×	0	计　数			
0	×	0	×	计　数			
0	×	×	0	计　数			
×	0	0	×	计　数			

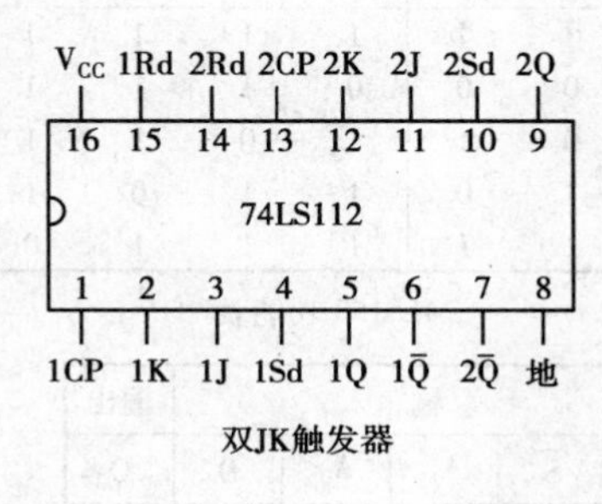

双JK触发器

74LS112 功能表

输 入					输 出	
Sd	Rd	CP	J	K	Q	$\overline{Q}$
0	1	×	×	×	1	0
1	0	×	×	×	0	1
0	0	×	×	×	1	1
1	1	↓	0	0	保持	
1	1	↓	1	0	1	0
1	1	↓	0	1	0	1
1	1	↓	1	1	计数	
1	1	1	×	×	保持	

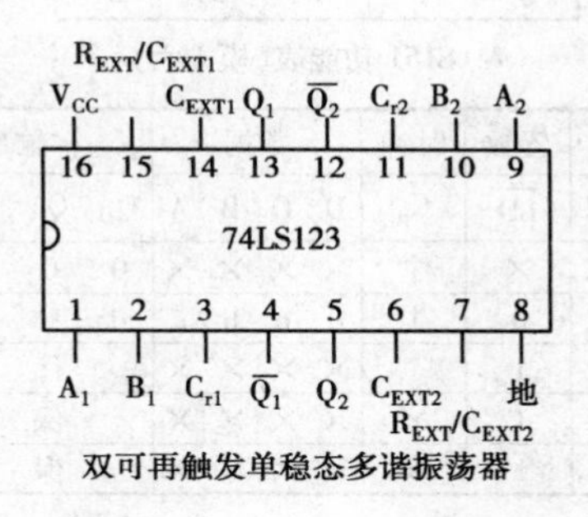

双可再触发单稳态多谐振荡器

74LS123 功能表

输 入			输 出	
C_r	A	B	Q	$\overline{Q}$
0	×	×	0	1
×	1	×	0	1
×	×	0	0	1
1	0	↑	⊓	⊔
1	↓	1	⊓	⊔
↑	0	1	⊓	⊔

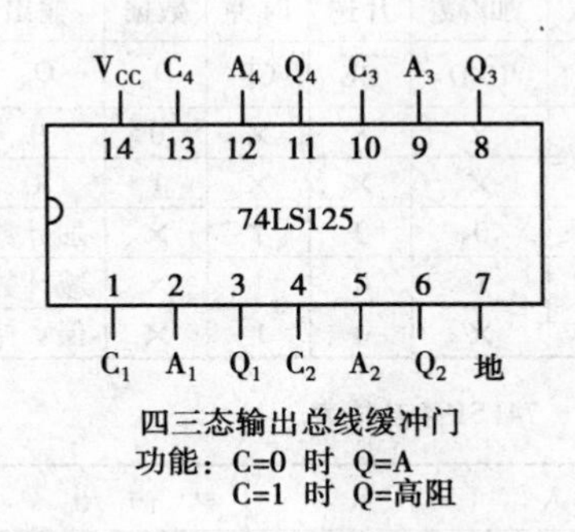

四三态输出总线缓冲门

功能：C=0 时 Q=A

C=1 时 Q=高阻

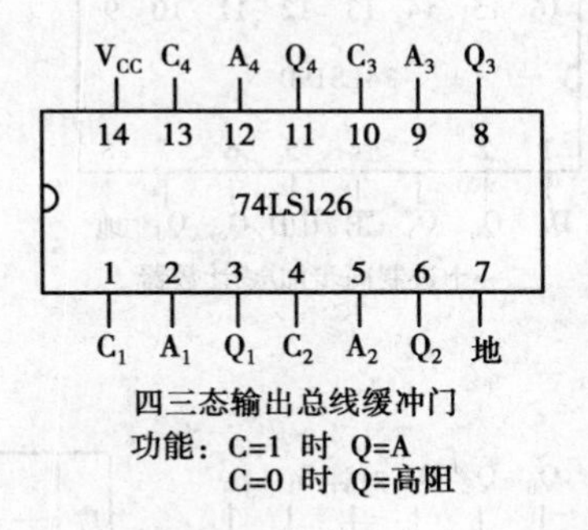

四三态输出总线缓冲门

功能：C=1 时 Q=A

C=0 时 Q=高阻

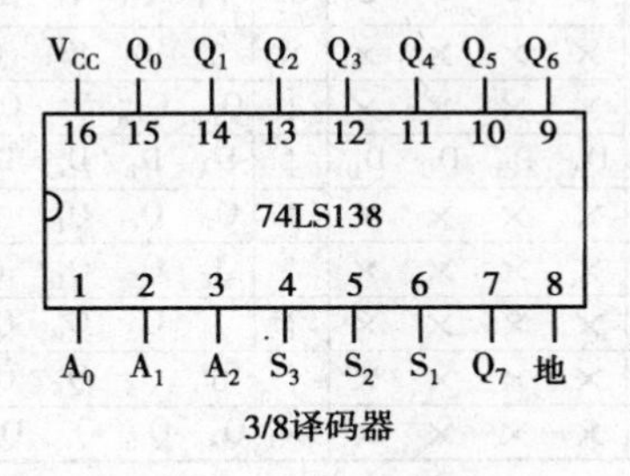

3/8译码器

74LS138 3/8 译码器的功能表

$S_1=0$ 或 $S_2=S_3=1$ 时：

Q_0—Q_7 均为高电平。

$S_1=1$ 及 $S_2=S_3=1$ 时：

A_0,A_1,A_2 的 8 种组合状态分别在 Q_0—Q_7 端译码输出

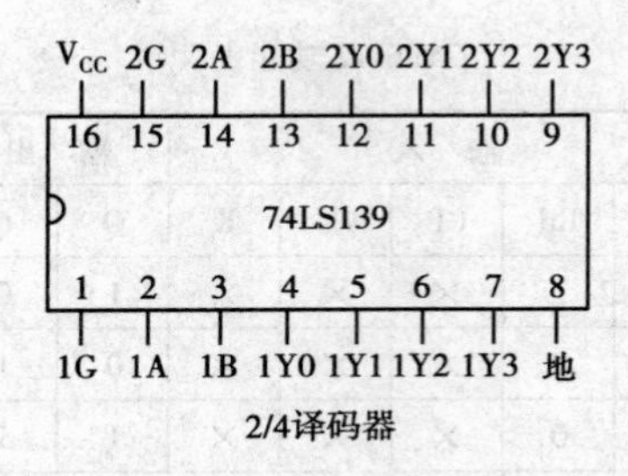

2/4译码器

74LS139 2/4 译码器的功能表

G	B	A	Y_0	Y_1	Y_2	Y_3
1	Φ	Φ	1	1	1	1
0	0	0	0	1	1	1
0	0	1	1	0	1	1
0	1	0	1	1	0	1
0	1	1	1	1	1	0

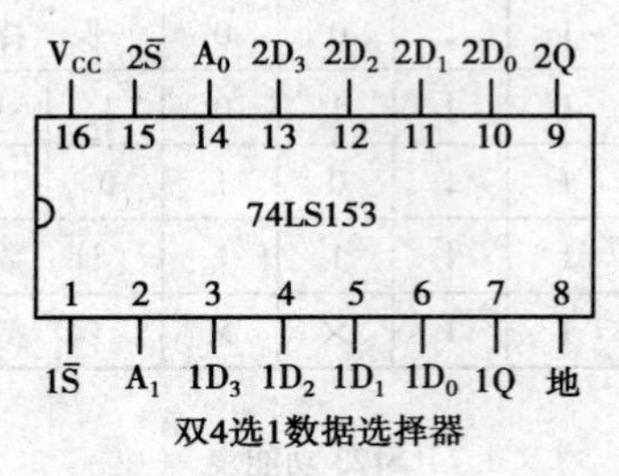

双4选1数据选择器

74LS153 功能表

输入				输出
$\bar{S}$	A_1	A_0	D	Q
1	Φ	Φ	Φ	0
0	0	0	D_0	D_0
0	0	1	D_1	D_1
0	1	0	D_2	D_2
0	1	1	D_3	D_3

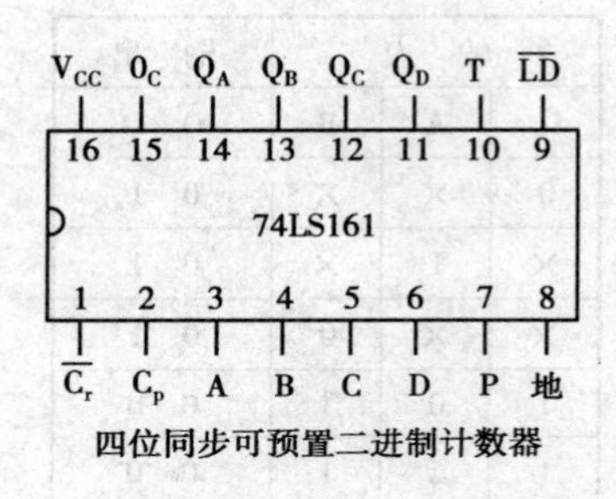

四位同步可预置二进制计数器

74LS161 功能表(模十六)

清零	使能		置数	时钟	数据				输出			
$\overline{C_r}$	P	T	$\overline{LD}$	C_p	D	C	B	A	Q_D	Q_C	Q_B	Q_A
0	×	×	×	↑	×	×	×	×	0	0	0	0
1	×	×	0	↑	d	c	b	a	d	c	b	a
1	1	1	1	↑	×	×	×	×	计数			
1	0	×	1	×	×	×	×	×	保持			
1	×	0	1	×	×	×	×	×	保持			

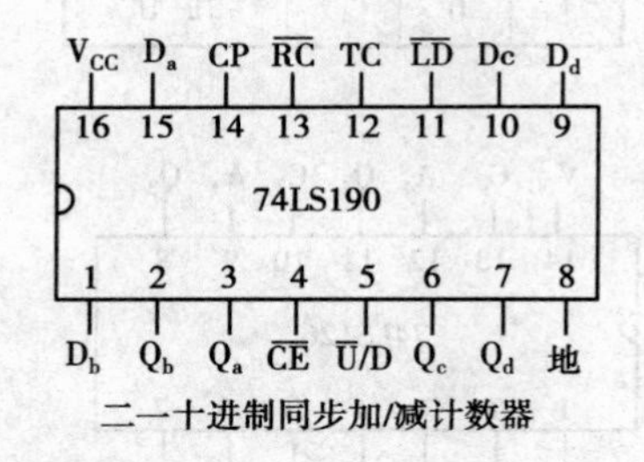

二一十进制同步加/减计数器

74LS190 功能表

置数	加/减	片选	时钟	数据	输出
$\overline{LD}$	$\overline{U}/D$	$\overline{CE}$	CP	D_n	Q_n
0	×	×	×	0	0
0	×	×	×	1	1
1	0	0	↑	×	加计数
1	1	0	↑	×	减计数
1	×	0	1	×	保持

V_{CC} Q_A Q_B Q_C Q_D 时钟 S_1 S_0
16 15 14 13 12 11 10 9
74LS194
1 2 3 4 5 6 7 8
C_r SR A B C D SL 地
清除 右移 左移

四位并行存取双向移位寄存器

74LS194 功能表

序	输入										输出				功能
	C_r	S_1	S_0	SL	SR	A	B	C	D	CP	Q_A	Q_B	Q_C	Q_D	
1	0	×	×	×	×	×	×	×	×	×	0	0	0	0	清零
2	1	×	×	×	×	×	×	×	×	1	Q_{An}	Q_{Bn}	Q_{Cn}	Q_{Dn}	保持
3	1	1	1	×	×	D_A	D_B	D_C	D_D	↑	D_A	D_B	D_C	D_D	送数
4	1	1	0	1	×	×	×	×	×	↑	Q_B	Q_C	Q_D	1	左移
5	1	1	0	0	×	×	×	×	×	↑	Q_B	Q_C	Q_D	0	
6	1	0	1	×	1	×	×	×	×	↑	1	Q_A	Q_B	Q_C	右移
7	1	0	1	×	0	×	×	×	×	↑	0	Q_A	Q_B	Q_C	
8	1	0	0	×	×	×	×	×	×	×	Q_{An}	Q_{Bn}	Q_{Cn}	Q_{Dn}	保持

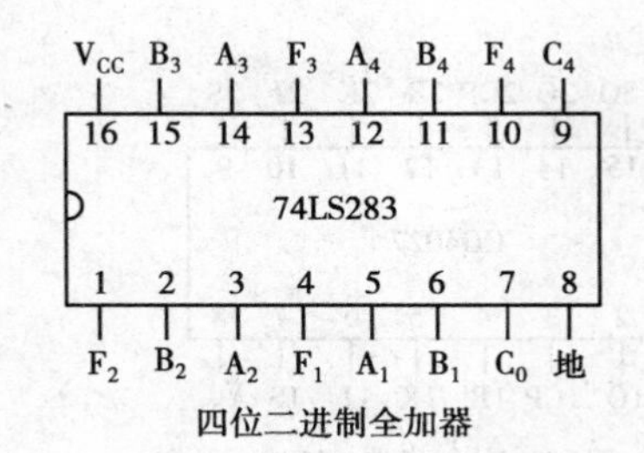

四位二进制全加器

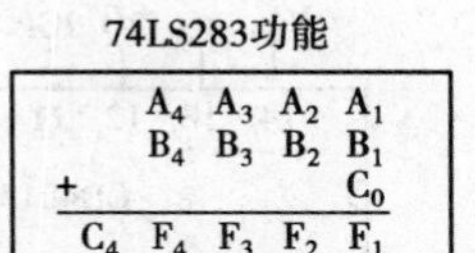
74LS283功能

	A_4	A_3	A_2	A_1
	B_4	B_3	B_2	B_1
+				C_0
C_4	F_4	F_3	F_2	F_1

VCC Q7 D7 D6 Q6 Q5 D5 D4 Q4 G
20 19 18 17 16 15 14 13 12 11
74LS373
1 2 3 4 5 6 7 8 9 10
$\overline{OE}$ Q0 D0 D1 Q1 Q2 D2 D3 Q3 地

八D锁存器

74LS373 功能表

输入			输出
$\overline{OE}$	G	D	Q
0	1	1	1
0	1	0	0
0	0	×	Q_0
1	×	×	高阻

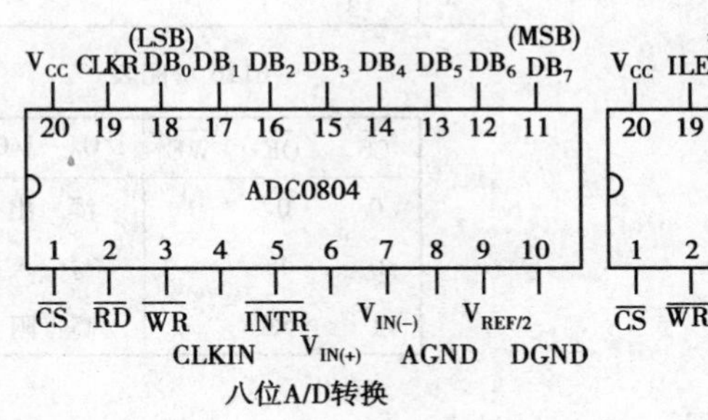

八位A/D转换

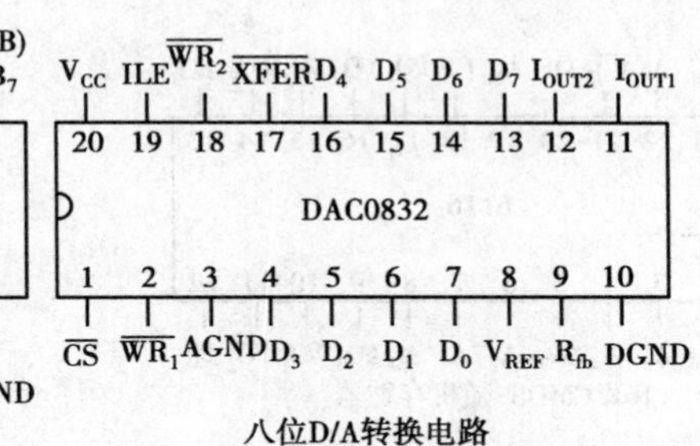

八位D/A转换电路

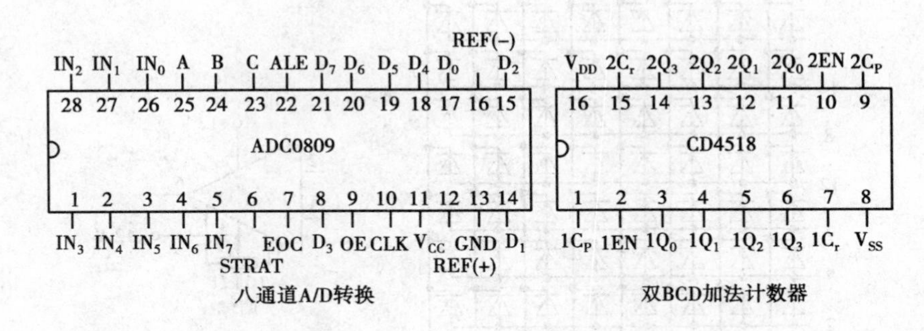

八通道A/D转换

双BCD加法计数器

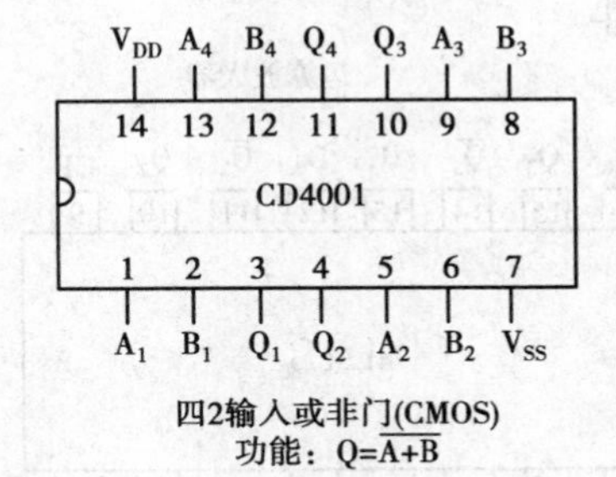

四2输入或非门(CMOS)
功能：$Q=\overline{A+B}$

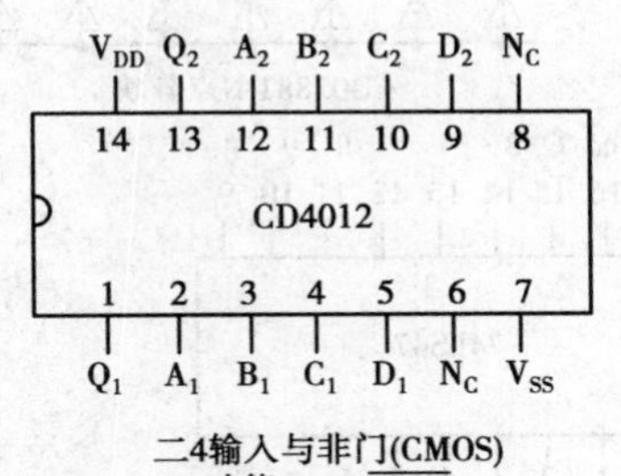

二4输入与非门(CMOS)
功能：$Q=\overline{ABCD}$

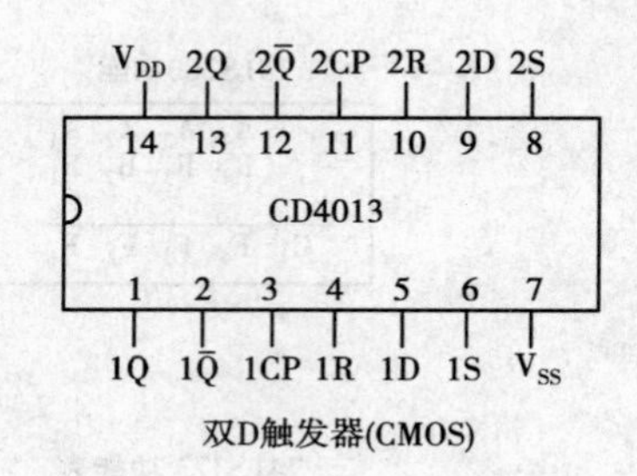

双D触发器(CMOS)

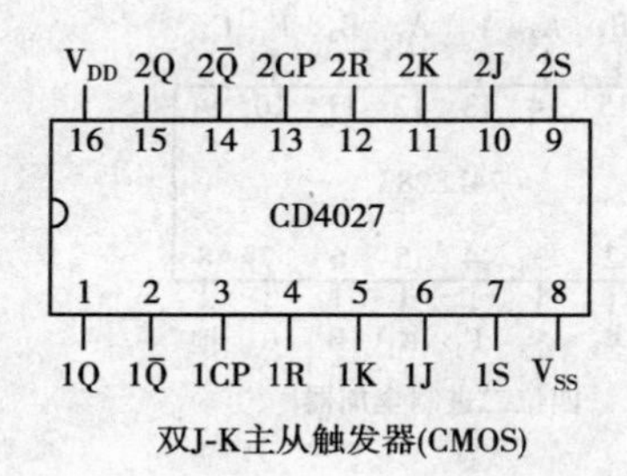

双J-K主从触发器(CMOS)

V_{CC} TD TH CO
8 7 6 5
555
1 2 3 4
地 TR OUT Rd

555定时器

555 定时器功能表

输入			输出	
阈值 TH	触发 TR	复位 Rd	放电 TD	OUT
×	×	0	0	导通
$<\frac{2}{3}V_{CC}$	$<\frac{1}{3}V_{CC}$	1	1	截止
$>\frac{2}{3}V_{CC}$	$>\frac{1}{3}V_{CC}$	1	0	导通
$<\frac{2}{3}V_{CC}$	$>\frac{1}{3}V_{CC}$	1	不变	不变

V_{CC} A_8 A_9 $\overline{WE}$ $\overline{OE}$ A_{10} $\overline{CS}$ I/O_7 I/O_6 I/O_5 I/O_4 I/O_3
24 23 22 21 20 19 18 17 16 15 14 13
6116
1 2 3 4 5 6 7 8 9 10 11 12
A_7 A_6 A_5 A_4 A_3 A_2 A_1 A_0 I/O_0 I/O_1 I/O_2 地

16K CMOS 随机存贮器

6116 功能表

$\overline{CS}$	$\overline{OE}$	$\overline{WE}$	I/O_0—I/O_7
0	0	1	读 出
0	1	0	写 入
1	×	×	高 阻

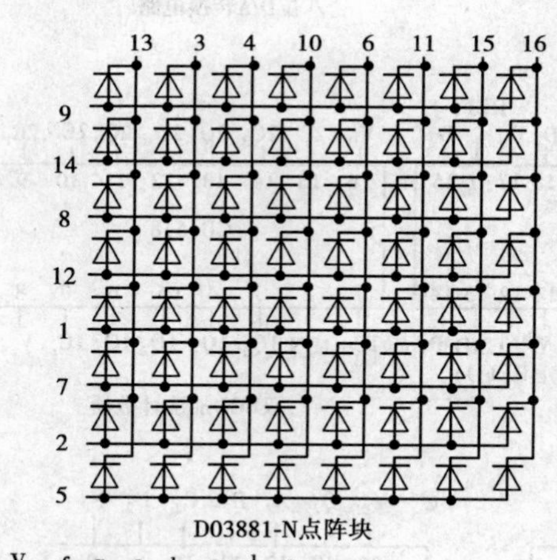

D03881-N点阵块

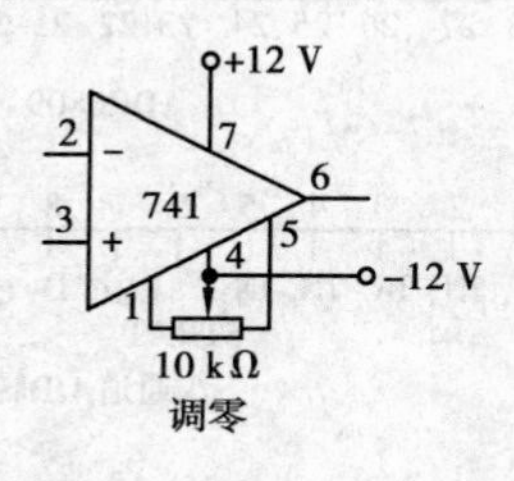

运算放大器

V_{CC} f g a b c d e
16 15 14 13 12 11 10 9
74LS47
1 2 3 4 5 6 7 8
B C $\overline{LT}$ $\overline{BI}/\overline{RBO}$ $\overline{RBI}$ D A GND

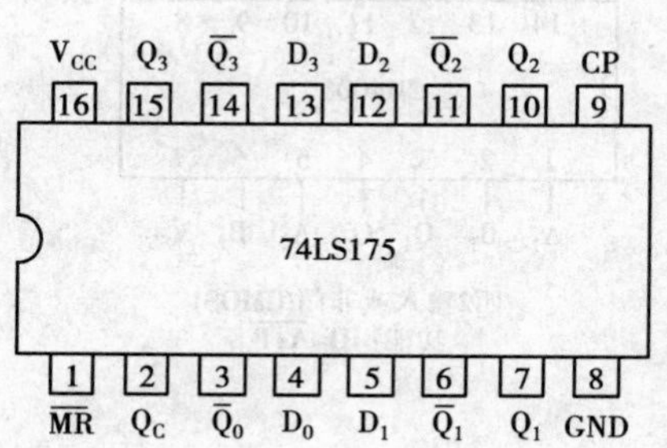

参考文献

[1] 阎石. 数字电子技术基础[M]. 5 版. 北京:高等教育出版社,2006.
[2] 康华光. 电子技术基础:数字部分[M]. 5 版. 北京:高等教育出版社,2006.
[3] 华成英. 数字电子技术基础[M]. 北京:高等教育出版社,2002.
[4] 蒋黎红,黄培根. 电子技术基础实验 &Multisim 10 仿真[M]. 北京:电子工业出版社,2010.
[5] 赵永杰,王国玉. Multisim 10 电路仿真技术应用[M]. 北京:电子工业出版社,2012.
[6] 马楚仪. 数字电子技术实验[M]. 广州:华南理工大学出版社,2005.
[7]《中国集成电路大全》编委会. TTL 集成电路[M]. 北京:国防工业出版社,1985.